高等职业教育教学改革系列规划教材

Pro/ENGINEER Wildfire 5.0

产品造型设计

（第2版）

柯美元　主　编

朱慕洁　何秋梅　袁根华　副主编

吴裕农　主　审

U0197983

电子工业出版社

Publishing House of Electronics Industry

北京·BEIJING

内 容 简 介

本书以 Pro/ENGINEER Wildfire 5.0 为基础，重点介绍了使用 Pro/ENGINEER 软件进行产品造型设计的方法、步骤与技巧。全书内容包括 Pro/ENGINEER Wildfire 5.0 基础操作、草绘、实体特征造型、工程特征、基准特征、特征的基本操作、曲面特征造型、零件的装配设计、工程图设计和产品造型设计应用实例 10 章。

本书采用基于工作过程的案例式教学法，每一章节通过若干典型实例来展开教学，使读者能够在做中学、学中做、做中通。每章的后面都配有适量的练习题，使读者能够学以致用，并进一步提高读者的应用能力，同时，也可用来检验学习效果。

本书结构清晰，内容详实，案例丰富。讲解内容深入浅出，重点难点突出，着重培养读者的应用能力。本书面向高职院校相关专业的学生来编写，也可作为相关专业技术人员的学习教材和参考用书。

图书在版编目（CIP）数据

Pro/ENGINEER Wildfire 5.0 产品造型设计/柯美元主编. —2 版. —北京：电子工业出版社，2019.1
ISBN 978-7-121-33453-5

Ⅰ. ①P…　Ⅱ. ①柯…　Ⅲ. ①工业产品－产品设计－计算机辅助设计－应用软件－高等学校－教材
Ⅳ. ①TB472-39

中国版本图书馆 CIP 数据核字（2018）第 002849 号

策划编辑：王艳萍
责任编辑：王艳萍
印　　刷：北京捷迅佳彩印刷有限公司
装　　订：北京捷迅佳彩印刷有限公司
出版发行：电子工业出版社
　　　　　北京市海淀区万寿路 173 信箱　邮编：100036
开　　本：787×1 092　1/16　印张：18.25　字数：467 千字
版　　次：2013 年 2 月第 1 版
　　　　　2019 年 1 月第 2 版
印　　次：2020 年 7 月第 3 次印刷
定　　价：45.00 元

前　言

Pro/ENGINEER（简称 Pro/E）软件是美国参数技术公司（简称 PTC 公司）开发的 CAD/CAM/CAE 一体化的三维软件，该软件作为参数化技术的最早应用者，是现今主流的 CAD/CAM/CAE 软件之一，在国际三维设计领域处于领先地位，特别是在产品设计领域占据重要位置，已经广泛应用于机械、汽车、航空、电子、模具、玩具和工业设计等各行业。

CAD 软件作为设计工具，其课程的教学必须以培养学生或读者的实际应用能力为重点。传统的以命令讲解为重点的教学方式显然不符合该门课程的教学特点，也不符合学生尤其是高职院校学生的认知规律。作为高职院校 CAD 课程的教材，本书采用基于工作过程的案例式教学法，每一章节通过若干典型实例来展开教学，使读者能够在做中学、学中做、做中通。所谓工作过程是指在企业里为完成一件工作并取得成果而进行的一个完整的工作程序，是一个处于动态中的、结构相对固定的系统。基于工作过程的案例式教学法是建立在建构主义学习理论基础上的教学方法，它将以传授知识为主的传统教学，转变为以解决问题、完成任务为主的多维互动式的教学。基于工作过程的案例式教学法的核心是以能力为本位，以学生为主体，适用于学习操作类的知识与技能，符合人类认知规律，是目前较为先进的教学方法。

目前的 CAD 软件越来越集成化、大型化，功能也越来越全面、强大，命令也越来越多，但在实际工作中真正用得到的命令和功能毕竟只是其中的小部分。因此，在教材的编写过程中，我们要求做到主次分明，重点突出，不贪多求全。

本书以 Pro/ENGINEER Wildfire 5.0 为基础，重点介绍了使用 Pro/ENGINEER 软件进行产品造型设计的方法、步骤与技巧。全书内容包括 Pro/ENGINEER Wildfire 5.0 基础操作、草绘、实体特征造型、工程特征、基准特征、特征的基本操作、曲面特征造型、零件的装配设计、工程图设计和产品造型设计应用实例 10 章。

本书结构清晰，内容详实，案例丰富。讲解内容深入浅出，重点难点突出，着重培养读者的应用能力。本书面向高职院校相关专业的学生来编写，也可作为相关专业技术人员的学习教材和参考用书。

本书由顺德职业技术学院的柯美元老师等执笔编写，其中顺德职业技术学院的朱慕洁老师编写了第 1 章、第 2 章和第 3 章。另外，广州水利水电职业技术学院的何秋梅老师和广州工程技术职业学院的袁根华老师也参与了本书的编写工作。全书由顺德职业技术学院的吴裕农老师担任主审。在此一并向他们表示感谢。

本书配有免费的电子教学课件，请有需要的教师登录华信教育资源网（www.hxedu.com.cn）免费注册后进行下载，如有问题请在网站留言或与电子工业出版社联系（E-mail: wangyp@phei.com.cn）。

由于时间仓促，编写水平有限，书中难免存在疏漏和不足之处，恳请各位读者和同行批评指正。

编　者

目　　录

第1章 Pro/ENGINEER Wildfire 5.0

基础操作

1.1 Pro/ENGINEER 简介

Pro/ENGINEER（简称 Pro/E）软件是美国参数技术公司（简称 PTC 公司）开发的 CAD/CAM/CAE 一体化的三维软件。Pro/E 软件以参数化的设计思想著称，堪称参数化技术的鼻祖。目前，参数化技术已经成为业界的新标准并得到广泛的应用。作为参数化技术的最早设计者，Pro/E 软件得到了快速的发展，是现今主流的 CAD/CAM/CAE 软件之一，特别是在国内产品设计领域占据重要位置。Pro/E 软件的总体设计思想体现了目前三维设计软件的发展趋势，在国际三维设计软件领域已经处于领先地位。

1.1.1 Pro/E 的发展

1985 年，美国 CV（CONPUTER VISION）公司的一些技术人员率先提出参数化设计的理念，但没有获得 CV 公司领导层的认可，于是这批技术人员离开了 CV 公司，独自创立了 PTC（PARAMETRIC TECHNOLOGY CORPORATION）公司，开始开发参数化软件 Pro/ENGINEER 并最终成功地把产品推向了市场。1988 年，PTC 公司推出了 Pro/ENGINEER 软件的第一个版本 Pro/ENGINEER V1.0，该软件很快在自动化、电子、航空、模具、家电等行业得到了应用。

经过数十年的发展，Pro/E 已经成为三维建模软件的一面旗帜，其先后面世的软件版本有 Pro/ENGINEER V1.0、Pro/ENGINEER R20、Pro/ENGINEER 2000I、Pro/ENGINEER 2000 I^2、Pro/ENGINEER Wildfire 1.0、Pro/ENGINEER Wildfire 2.0、Pro/ENGINEER Wildfire 3.0、Pro/ENGINEER Wildfire 4.0、Pro/ENGINEER Wildfire 5.0 等。Pro/E 由许多功能模块组成，它的内容涵盖了产品的概念设计、工业造型设计、三维模型设计、分析计算、动态模拟与仿真、工程图输出、产品制造与加工、数据管理和数据交换等，构成了一个综合的产品开发解决方案。

1.1.2 建模特点

PTC 公司突破 CAD/CAM/CAE 的传统观念，提出了参数化设计、基于特征建模和全相关的统一数据库等全新 CAD 设计理念，正是这种独特的建模方式和设计思想，使 Pro/ENGINEER 表现出了不同于一般 CAD 软件的鲜明特点和优势。

1. 参数化设计

参数化设计也叫尺寸驱动，是 CAD 技术在实际应用中提出的课题，它不仅可使 CAD 系统具有交互式绘图功能，还使其具有自动绘图的功能。利用参数化设计手段开发的专用产品设计系统，可使设计人员从大量繁重而琐碎的绘图工作中解脱出来，可以大大提高设计速度，并减少信息的存储量。参数化设计的关键是几何约束关系的提取和表达、约束求解及参数化几何模型的构造。

2. 基于特征的建模思想

随着计算机和 CAD 软件的发展，传统的使用简单的原始几何元素如线条、圆弧、圆柱及圆锥等来表达实体已经很难满足要求，因此就迫切需要发展一种高层次的实体，这种实体需要包含更多的工程信息，被称为特征，并且由此提出了以特征为基础的特征造型的设计方法。自 20 世纪 80 年代以来，基于特征的设计方法已被广泛接受。特征就是任何已被接受的某一个对象的几何、功能元素和属性，通过它们可以很好地理解该对象的功能、行为和操作。更为严格的特征被定义为：特征就是一个包含工程意义的几何原型外形。相对于线框模型、面模型及实体模型，特征造型是把一些复杂的操作屏蔽起来，设计者只需在绘制二维草图后通过旋转、拉伸、扫描等造型方法即可创建各类基础特征，然后在基础特征之上添加各类工程特征，如抽壳、倒角等特征。整个设计过程直观、简练，这样 Pro/E 软件对使用者的要求降低了，软件也更容易被掌握和普及。

3. 全相关的统一数据库

Pro/E 系统建立在全相关的统一数据库基础之上，这一点不同于大多数建立在多个数据库之上的传统 CAD 软件。所谓全相关的统一数据库，就是工程中的所有资料都来自同一个数据库，这样可以使不同部门的设计人员能够同时开发同一个产品，实现协同工作。更为重要的是，采用全相关的单一数据库后，在设计中的任何一处修改都将反映到整个设计的其他环节中。Pro/E 的零件模型、装配模型、制造模型、工程图之间是全相关的，工程图的尺寸更改以后，零件模型的尺寸会相应更改；反之，零件、装配或制造模型中的任何改变，也会反映在工程图中。

1.2 Pro/E Wildfire 5.0 的基础操作

1.2.1 Pro/E Wildfire 5.0 的工作界面

Pro/E Wildfire 5.0 软件包括很多模块，每个模块的工作界面会有所不同，但其组成方式基本相同，都由标题栏、菜单栏、工具栏、导航区、图形区、信息栏、状态栏等部分组成。现以零件模块为例介绍其工作界面。

打开 Pro/E Wildfire 5.0 软件，其初始界面如图 1-1 所示。

在初始启动界面上单击创建新对象工具🗋，即可打开如图 1-2 所示的"新建"对话框，在对话框中接受默认的设置，直接单击"确定"按钮，就可以进入零件模块，零件模块的工作界面如图 1-3 所示。作为模板，系统创建了三个相互垂直的基准平面和一个坐标系作为初始环境，图形区显示了这三个基准平面和基准坐标系，同时在导航区的模型树下面也显示了这三个基准平面和坐标系的名称。

图 1-1   Pro/E Wildfire 5.0 的初始界面

图 1-2   "新建"对话框

1.2.2   文档操作

文档的各种操作主要通过"文件"菜单来实现，下面摘其要点进行介绍。

1. 设置工作目录

Pro/E 中产生的有关联性的文件需放在同一个文件夹（目录）中，如装配文件与其零件文件等，否则，会造成系统找不到正确的相关文件，从而使某些文件打开失败。为了便于有效管理工作中有关联性的文件，在开始或开启某一个项目的文件之前，应该先设置好该项目的工作目录。其操作步骤如下：

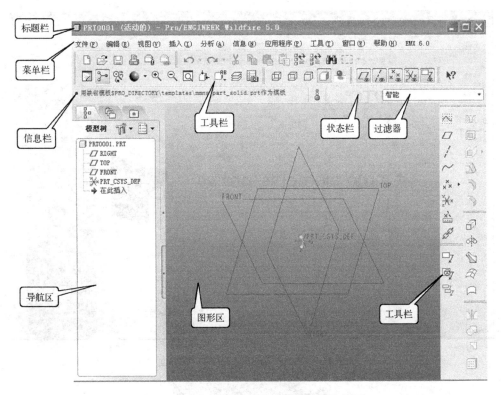

图1-3 Pro/E Wildfire 5.0 零件模块工作界面

（1）启动 Pro/E Wildfire 5.0 软件，在菜单栏选择"文件"→"设置工作目录"。

（2）程序弹出"选取工作目录"对话框，在该对话框的地址栏或"公用文件夹"栏单击计算机名称如 lenovo-6844360d ▶ 或 🖳 lenovo-6844360d （根据每个用户的计算机名称不同而不同），结果如图1-4所示。

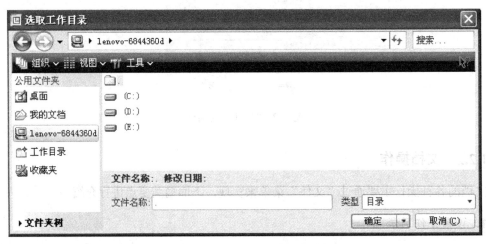

图1-4 "选取工作目录"对话框

（3）在计算机硬盘中查找并选择一个文件夹，然后在"选取工作目录"对话框中单击"确定"按钮，则该文件夹被设置为当前的工作目录。也可以单击对话框左下角的 ▶ 文件夹树 ，从文件夹树上查找文件夹来设置工作目录。

2．新建文件

单击"文件"工具栏中的"新建"按钮 □，打开"新建"对话框，如图1-5所示。从图中可以看到，Pro/E Wildfire 5.0提供了以下几种文件类型。

草绘：绘制2D剖面图文件，扩展名为".sec"。

零件：创建3D零件模型，扩展名为".prt"。

组件：创建3D装配模型，扩展名为".asm"。

制造：创建制造类的文件，扩展名为".mfg"。

绘图：生成工程图，扩展名为".drw"。

格式：生成工程图的图框，扩展名为".frw"。

报表：生成一个报表，扩展名为".rep"。

图表：生成一个电路图，扩展名为".dgm"。

布局：组合规划产品，扩展名为".lay"。

标记：为装配模型添加标记，扩展名为".mrk"。

在"新建"对话框"名称"后面输入新建文件的名称，文件名称一般不能使用中文文字。

在"新建"对话框中，"类型"选项组的默认选项为"零件"，"子类型"选项组的默认选项为"实体"。

在该对话框中一般取消勾选"使用缺省模板"复选框，如图1-5所示，然后单击"新建"对话框中的"确定"按钮就可以打开"新文件选项"对话框，可在对话框中选择各种模板，一般选择公制模板，如图1-6所示。

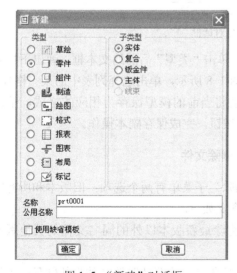

图1-5 "新建"对话框

图1-6 "新文件选项"对话框

3．保存文件

Pro/E软件保存文件的格式为"文件名.文件类型.版本号"。例如，在零件类型中创建名为prt0001的文件，第一次保存时文件名为prt0001.prt.1，以后每保存一次，版本号会自动加1，而文件名和文件类型不变。这样，在目录中保存文件时，当前文件不会覆盖旧版本文件。

4. 保存副本

保存副本是指保存当前文件的副本，多用于保存为另外格式的文件，副本可以保存到指定的目录下。其操作步骤如下：

（1）在菜单栏中选择"文件"→"保存副本"，弹出如图1-7所示"保存副本"对话框。

（2）在对话框"新建名称"文本框中输入副本的文件名（副本文件名不能与当前文件名相同）。

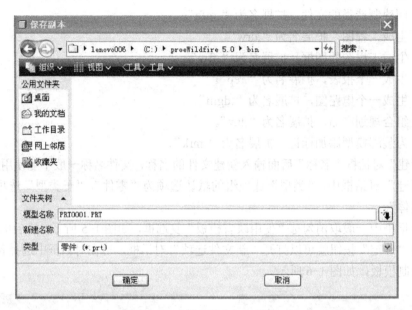

图1-7 "保存副本"对话框

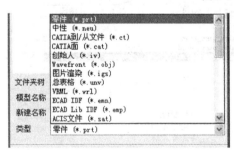

图1-8 "类型"下拉列表

（3）单击"类型"后面的文本框，弹出下拉列表，如图1-8所示，单击选择列表中的某一格式，程序自动将当前的模型保存为相应的格式。单击"确定"按钮，完成保存副本操作。

5. 删除文件

"删除"子菜单有两个选项：旧版本和所有版本，其含义如下。

旧版本：删除同一个文件的旧版本，也就是将除最新版本以外的同名文件的其他版本全部删除。

所有版本：删除当前文件的所有版本，包括最新版本。注意此时该文件将从硬盘中被彻底删除。

6. 拭除文件

拭除文件包括两种方式，分别是拭除当前文件和拭除不显示文件。文件窗口关闭后可以通过"拭除不显示"命令将文档从计算机内存中拭除。拭除当前文件是指将当前工作对象从内存中拭除。拭除文件不会从硬盘上删除文件。

1.2.3　视图查看

为了观察三维零件的细节特征，需在工作窗口对零件进行旋转、放大、缩小和平移等操作。有时为了便于看图和工作，还需要将模型调整成不同的显示状态。

1．鼠标与键盘的操作

图形的旋转、平移和缩放操作，可通过按住鼠标中键并结合 Shift 键或 Ctrl 键来实现，具体操作方法如表 1-1 所示。

表 1-1　鼠标对模型视图的调整操作

视图视角的控制	三键滚轮鼠标的操作方法
模型视图的缩放	方法一：向前或向后滚动鼠标滚轮（中键），模型视图以鼠标的指针为中心进行缩小或放大
	方法二：按住鼠标滚轮和 Ctrl 键的同时，向前或向后移动鼠标
模型视图的旋转	按住鼠标滚轮的同时，移动鼠标，可以旋转模型视图
模型视图的平移	按住 Shift 键和鼠标滚轮的同时，移动鼠标，可以平移模型视图

2．视图工具栏

视图工具栏如图 1-9 所示。

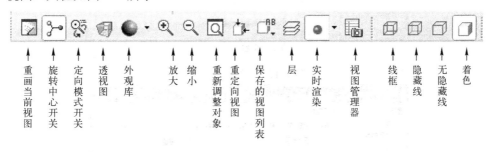

图 1-9　视图工具栏

1.2.4　模型树

模型树以"树"的形式显示当前激活模型文件中所有特征或零件，树的顶部为根对象，即模型文件名，并将从属对象（特征或零件）置于根对象之下。在零件模块中，模型树显示零件文件名称并在名称下显示零件中的每个特征，如图 1-10 所示；在组件模块中，模型树显示组件文件名称并在名称下显示其所包括的零件文件和子组件。

模型树可以展开或者收缩，当在模型树上单击某个节点处的符号"+"时，则可以展开该节点下面的所有分支；当在模型树上单击某个节点处的符号"-"时，则可以收缩该节点处的分支。

在导航区的 选项卡中，单击 ，出现如图 1-11 所示的菜单，在该菜单中选择"全部展开"，则展开模型树中的所有分支；若选择"全部收缩"，则收缩模型树中的所有分支。

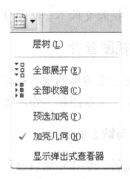

图 1-10　某零件的模型树　　　　　　　图 1-11　"显示"菜单

在导航区的 （模型树）选项卡中，单击 ⾏ ▾（设置），出现如图 1-12 所示的菜单，在该菜单中单击"树过滤器"，可以打开如图 1-13 所示的"模型树项目"对话框，在该对话框中可以控制模型中各类项目是否在模型树中显示，其中前面带有"√"符号的特征类型将在模型树上显示。

图 1-12　"设置"菜单

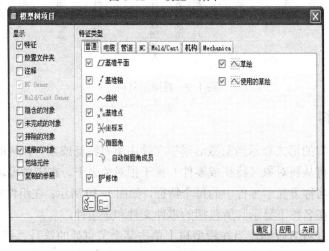

图 1-13　"模型树项目"对话框

1.2.5　层的应用

在设计工作中，常常使用层来辅助管理一些对象。通过层，可以对同一层中所有的对象进行显示、遮蔽、选择和隐含等操作。

在工具栏中单击 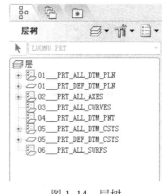 （层）可以在模型树与层树之间进行切换，或者在如图 1-11 所示的"显示"菜单中选择"层树"（或者"模型树"）来切换。层树的显示状态如图 1-14 所示。

下面介绍如何新建一个图层，并将一些项目添加到该层中。

（1）在层树上选择一个层，然后单击 $\mathscr{B}$ ▼，打开如图 1-15 所示的菜单。

（2）从该菜单中选择"新建层"命令，弹出如图 1-16 所示的"层属性"对话框。

图 1-14　层树

图 1-15　"层"菜单

图 1-16　"层属性"对话框

（3）在"名称"文本框中输入新层的名称，而"层 Id"文本框可以不填。

（4）在图形窗口中或者在模型树上选择所需的特征作为新层的项目，这些项目会出现在"内容"选项卡的列表中，包含在层中的项目会在状态列中以"＋"显示，如图 1-17 所示。另外，可以在如图 1-18 所示的"规则"选项卡上使用规则来给层添加项目，以及在"注解"选项卡中给层添加注释说明。

（5）在"层属性"对话框单击"确定"按钮，则新层按数字、字母顺序被放在层树中。

1.2.6　Config.pro 配置文件

Config.pro 是 Pro/E 软件的系统配置文件，用于设置软件的工作环境和全局配置。初始 Config.pro 文件中的每个配置选项都使用 Pro/E 软件设置的默认值。

要改变 Config.pro 文件选项的值，可按如下步骤操作。

图 1-17 "内容"选项卡　　　　　　　　图 1-18 "规则"选项卡

（1）在"工具"菜单中选择"选项"命令，打开"选项"对话框。

（2）在对话框中"选项"下面的文本框中输入某一配置选项如"allow_anatomic_features"，然后将其值设置为"yes"，如图 1-19 所示，然后单击"添加/更改"按钮。也可以在"选项"下面的文本框中输入"*"，然后单击 🔍 查找... 按钮，打开如图 1-20 所示的"查找选项"对话框，Pro/E 的所有配置选项都按字母顺序排列在该对话框的列表中，然后从中选择选项进行修改。

图 1-19 "选项"对话框

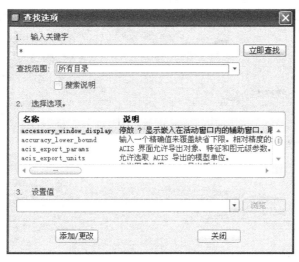

图 1-20 "查找选项"对话框

（3）在"选项"对话框中单击保存图标█，系统打开"另存为"对话框，如图 1-21 所示。在该对话框中单击 **Ok** 按钮，将该设置保存到 Config.pro 文件中，以后每次启动 Pro/E 软件，该设置都生效。如果不保存该设置，则该设置只对本次启动的 Pro/E 程序有效。

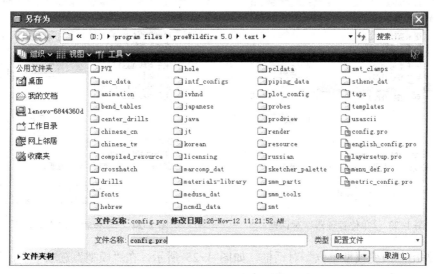

图 1-21 "另存为"对话框

（4）在"选项"对话框中单击"确定"按钮，完成配置文件的修改。

1.2.7 零件单位的转换

由于不同的国家所使用的单位制不同，在不同企业间进行交流时，常常需要在不同单位制间进行转换。下面以英制（英寸）单位转换为公制单位（毫米）为例，介绍其转换的操作方法。

（1）打开模型文件后，在菜单栏中选择"文件"→"属性"，将弹出"模型属性"对话框，如图 1-22 所示。在"模型属性"对话框中选择"单位"栏右边的"更改"，弹出"单位管理器"对话框，红色箭头所指为程序默认的单位，如图 1-23 所示。

（2）在对话框中单击"毫米牛顿秒"项，如图 1-24 所示，然后单击"设置"按钮。

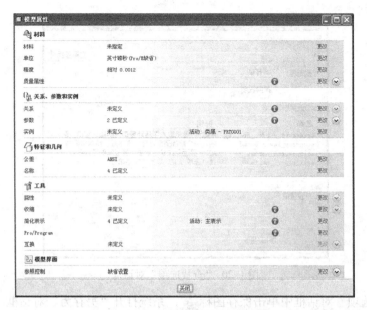

图 1-22 "模型属性"对话框

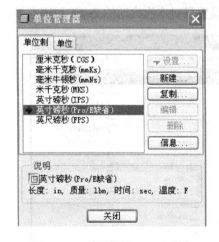

图 1-23 "单位管理器"对话框

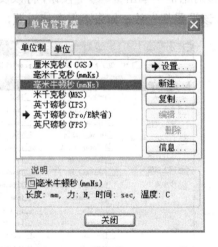

图 1-24 "单位管理器"对话框

（3）弹出"改变模型单位"对话框，如图 1-25 所示，在"模型"选项卡中，根据要求勾选其中的一个选项，最后单击"确定"按钮。

图 1-25 "改变模型单位"对话框

（4）在"单位管理器"对话框中单击"关闭"按钮，完成模型单位的转换。

第2章 草　绘

草绘模块是 Pro/E 软件中专门用来绘制二维图形的工具，也称为草绘器。二维图形是进行三维造型的基础，大部分特征的创建都需要用到草绘。实际上，三维造型的大部分时间都花在草绘上，并且，草绘图形绘制得正确与否，直接决定了特征生成的成败。

在 Pro/E 软件工具栏中单击□按钮，打开"新建"对话框，在"类型"栏选择◎ ▦ 草绘 ，在"名称"栏输入文件名称，然后单击"确定"按钮，系统进入草绘模块。草绘模块的工作界面主要由标题栏、菜单栏、工具栏、图形区、信息栏和状态栏等几部分组成，如图 2-1 所示。在图形区的右侧工具栏中集中了绘制和编辑草绘图形的常用快捷工具。

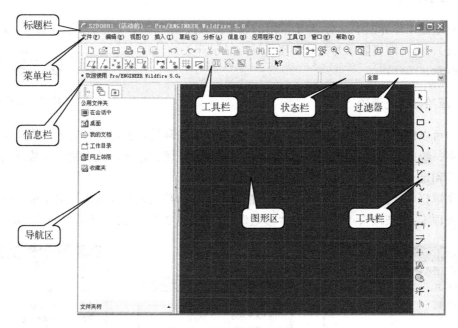

图 2-1　草绘器工作界面

2.1　草绘器中的术语

为了更好地学习 Pro/E 的草绘模块，需要先了解和掌握草绘器中的一些常用术语，这些常用术语的含义如表 2-1 所示。

表 2-1　草绘器中常用术语的含义

术　语	定义描述或特征
图元	草绘图形的基本组成元素（如直线、圆弧、圆、样条曲线、圆锥曲线、点或坐标系等）
参照图元	创建特征截面或轨迹等对象时所参照的图元，参照的几何（例如零件边）对草绘器为"已知"
尺寸	图元或图元之间关系的测量

术　语	定义描述或特征
约束	定义图元几何或图元间关系的条件，约束符号会出现在应用约束的图元旁边
参数	草绘器中的辅助数值
关系	关联尺寸和/或参数的等式
弱尺寸	用户草绘时，草绘器自动创建的尺寸被称为"弱尺寸"，弱尺寸以灰色显示；当用户添加尺寸时，多余的弱尺寸会自动删除
强尺寸	带有用户主观意愿的尺寸被称为"强尺寸"；由用户创建的尺寸总是强尺寸；弱尺寸经过修改后就自动变为强尺寸。用户也可以直接将某一弱尺寸转化为强尺寸
冲突	若创建的尺寸或约束是多余的，或者与已有的尺寸或约束矛盾时，就会出现冲突。此时，可通过删除不需要的尺寸或约束来解决，也可通过将多余的尺寸转变为参考尺寸来解决

2.2　草绘环境的设置

1．显示开关

在草绘器工作界面中，有 4 个常用的显示开关按钮，即 （尺寸显示开关）、 （约束显示开关）、 （网格显示开关）和 （顶点显示开关），如图 2-2 所示。

2．草绘器优先选项

图 2-2　显示开关按钮

用户可以根据绘图的实际情况来设置所需要的草绘环境，例如，设置显示或隐藏屏幕栅格、顶点、约束、尺寸和弱尺寸，设置草绘器"约束"优先选项，改变栅格参数以及改变草绘器精度和尺寸的小数点位数等。

在菜单栏中选择"草绘"→"选项"命令，打开"草绘器优先选项"对话框。该对话框有 3 个选项卡："杂项"、"约束"和"参数"，分别如图 2-3、图 2-4 和图 2-5 所示。

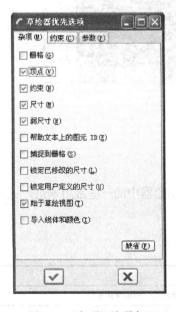

图 2-3　"杂项"选项卡

图 2-4　"约束"选项卡

图 2-5　"参数"选项卡

2.3 草绘诊断器

在特征创建的过程中所草绘的图形不能有重叠的图元，有时要求图形封闭，不能有开放端。否则，会造成特征的生成失败。为了保证草绘出正确的图形，可以采用如图 2-6 所示的"草绘诊断器"工具对所绘制的图形进行诊断。"草绘诊断器"工具的功能用途如下。

图 2-6 "草绘诊断器"工具

（着色封闭环）：用来检查草绘图形是否封闭。当按下该工具时，封闭的草绘图形会着色显示。如果没有着色显示，说明草绘图形要么有开放端，要么有重叠的图元。

（加亮开放端点）：用来查找草绘图形的开放端。当按下该工具时，草绘图形的开放端点会以红色加亮显示。

（重叠几何）：用来查找有几何重叠的位置。当按下该工具时，有几何重叠的草绘图形会以绿色加亮显示。

2.4 绘图的基本图元

图元是组成草绘图形的基本元素，包括点、直线、圆弧、圆、样条曲线、圆锥曲线、坐标系等。在主菜单中选择"草绘"，打开"草绘"下拉菜单，然后从中选择某一基本图元的绘制命令，就可以进行相应图元的绘制，也可以直接在图形区的右侧选择基本图元的绘制工具来进行基本图元的绘制。常用基本图元的绘制工具如表 2-2 所示。基本图元的绘制比较简单，这里就不一一赘述了。

表 2-2 创建基本几何图元的工具按钮

序　号	图元类型	工具按钮	说　明
1	点	✖	创建点
2	坐标系	⊥	创建参照坐标系
3	线	╲	通过指定两点来绘制直线
4		⤢	创建两圆弧或圆的相切线
5		┊	创建两点中心线，即通过指定两点来绘制中心线
6		ᴳ┊	创建两点几何中心线
7	矩形	▢	通过定义对角线的两端点来创建矩形
8		▱	创建斜矩形
9		▱	创建平行四边形
10	圆与椭圆	◯	通过拾取圆心和圆上一点来创建圆
11		◎	绘制同心圆
12		◔	通过圆周上的 3 点来绘制圆
13		◍	创建与 3 个图元相切的圆
14		⬭	根据椭圆长轴的两个端点来创建椭圆

序 号	图元类型	工具按钮	说 明
15	圆与椭圆		根据椭圆的中心和长轴的一个端点创建椭圆
16			通过3点创建圆弧，或创建一个在其端点相切于其他图元的圆弧
17			创建同心圆弧
18	圆弧		通过选择弧圆心和两个端点来创建圆弧
19			创建与3个图元相切的圆弧
20			创建锥形弧
21	圆角		在两图元间创建一个圆角
22			在两图元间创建一个椭圆形圆角
23	倒角		在两个图元间创建倒角并创建构造线延伸
24			在两个图元间创建一个倒角
25	样条曲线		创建样条曲线
26			使用边创建图元
27	边		通过偏移边来创建图元
28			通过将边向两侧偏移来创建图元
29	数据来自文件		将调色板中的图形插入到当前图形

2.5　图形编辑

在草绘图形的过程中，通常还需要使用编辑命令或者工具对现有几何图形进行处理，以获得合乎设计要求的图形。常见的编辑命令有"镜像""移动调整""修剪""切换构建""删除""复制""粘贴"等。现对部分命令介绍如下。

1. 镜像

镜像图形的操作步骤如下：

（1）选择要镜像的图形（多图元时，可以采用框选的方式，或者按住 Ctrl 键进行多对象选择）。

（2）在工具栏中单击 ⏸ （镜像），或者在菜单栏中选择"编辑"→"镜像"命令。

（3）选择作为镜像基准的一条中心线，即可完成镜像操作，结果如图 2-7 所示。

注意：镜像的基准必须是中心线，而不能是实线或者构建线。

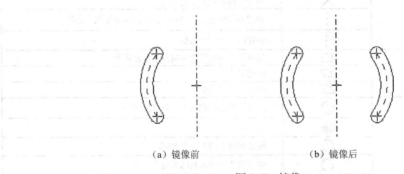

（a）镜像前　　　　　　　　（b）镜像后

图 2-7　镜像

2．移动调整

移动调整（可实现平移、旋转和缩放图元）的操作步骤如下：

（1）选择图 2-8 所示的图形。

（2）在工具栏中单击⊗（移动调整），图形变成如图 2-9 所示，并弹出"移动和调整大小"对话框，如图 2-10 所示。此时，可以使用鼠标对图 2-9 中显示的⊗（平移图柄）、↻（旋转图柄）或↖（缩放图柄）进行拖动操作，从而对图形进行平移、旋转或缩放。

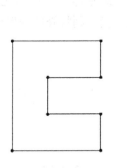

图 2-8　选择的图形

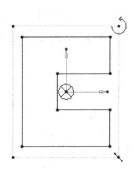

图 2-9　显示的图形

（3）在"移动和调整大小"对话框中，用户也可以通过输入具体的数值来对草绘对象进行平移、旋转和缩放。在图 2-10 所示对话框中设置水平和垂直的平移距离都为 0，旋转角度 90°，缩放比例值为 1。

（4）在"移动和调整大小"对话框中，单击✓（完成）按钮，结果如图 2-11 所示。

图 2-10　"移动和调整大小"对话框

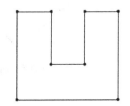

图 2-11　移动调整结果

3．修剪

在草绘工具栏中单击⊬旁边的▸，可打开"修剪"侧拉工具栏。该工具栏包括⊬（删除段）、┳（拐角修剪）和⊬（分割）三个工具按钮。下面分别介绍其功能。

（1）⊬（删除段）：删除段用于动态地修剪草绘图元，是最常用的修剪方式，使用该方式可以动态地将多余的线段删除。单击⊬按钮，然后单击要删除的线段即可，如图 2-12 所示。

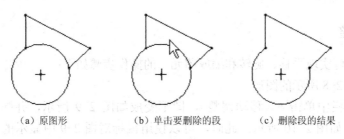

（a）原图形　　　　　（b）单击要删除的段　　　　（c）删除段的结果

图 2-12　删除段

（2）⊢（拐角修剪）：拐角修剪用于将图元剪切或延伸到其他图元。如果要修剪的两图元是相交的，单击⊢，然后单击要保留的两个图元段，则将修剪掉保留段另一侧的部分，如图 2-13 所示。

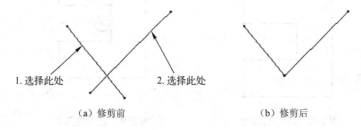

1. 选择此处　　　　　　　　　　2. 选择此处

（a）修剪前　　　　　　　　　　（b）修剪后

图 2-13　拐角修剪 1

如果要修剪的两图元没有相交，但其延伸后可以相交，那么拐角修剪后的两图元将自动延伸至相交点，并且将位于该相交点另一侧的线段修剪掉（如果有的话），如图 2-14 所示。单击⊢按钮，然后单击图 2-14（a）所示的两个位置，结果如图 2-14（b）所示。该命令在草绘特征的封闭截面时非常有用，当检查到截面在某处断开后，可以"拐角修剪"该处的两个图元，使其延伸相交，从而使截面闭合。

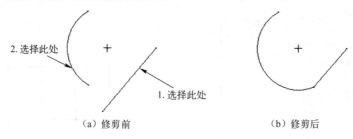

2. 选择此处　　　　　　　　　　　　　　　　　1. 选择此处

（a）修剪前　　　　　　　　　　（b）修剪后

图 2-14　拐角修剪 2

（3）┍（分割）：用于将图元在指定的某一点处打断，使其分割成两部分。

4．复制与粘贴

在绘制截面的过程中，可以复制已绘制的图形。先选择要复制的图形，然后在工具栏中单击▤（复制），接着单击▤（粘贴），然后移动鼠标指针在图形区的指定位置处单击，则在该位置出现一个与原图形形状相同的图形并弹出如图 2-15 所示的"移动和调整大小"对话框，在对话框中设置缩放比例值和旋转角度等参数，单击☑（完成）按钮，就可以完成图形的复制。

5．切换构建

构建线主要用做辅助定位线，它以虚线显示，如图 2-16 所示。在 Pro/E 中，没有专门绘制构建线的工具，但可以将绘制的实线转化为构建线，方法是先选择实线，然后单击右键，从右键菜单中选择"构建"即可。也可以将构建线转化为实线，方法是先选择构建线，然后单击右键，从右键菜单中选择"几何"。

图 2-15　"移动和调整大小"对话框

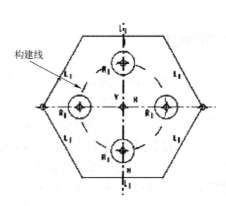

图 2-16　构建线示例

2.6　几何约束

1．约束的类型

在草绘截面图形的过程中，往往需要根据几何图元之间的相互关系来设置某些几何约束条件。在工具栏中单击╋右侧的侧拉按钮▸，打开如图 2-17 所示的约束工具栏，其上有竖直、水平、正交、相切、中点、重合、对称、相等和平行九种约束。其中对称约束的对称基准必须是中心线，并且只能对点进行对称约束。其添加方法是先单击要对称的两个点（可以是线段端点、圆弧中心等），然后单击作为对称基准的中心线，或者先单击中心线，再单击两个点。其他几何约束的添加较为简单，这里就不一一赘述了。

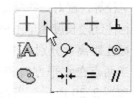

图 2-17　约束工具栏

2．约束的锁定、禁用与删除

在绘制图元的过程中，系统经常会自动提示可以捕捉的约束并显示约束符号，如果能正确利用系统自动提示的约束，则可以大大方便我们绘图。

绘图时，当出现某约束符号时，如图 2-18（a）所示，单击右键，约束符号会被红色圆圈圈住，如图 2-18（b）所示，表示锁定该约束；再次单击右键，该约束符号会被画上红色斜杠，如图 2-18（c）所示，表示该约束被禁用；继续单击右键，则取消禁用，再单击右键，则该约束又被锁定，如此依次循环。

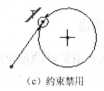

| (a) 出现约束符号 | (b) 约束锁定 | (c) 约束禁用 |

图 2-18 约束的锁定与禁用

约束被添加后，如果不想使用该约束，可以在绘图区选择该约束符号，再单击右键，从右键菜单中选择"删除"，就可以删除该约束。

2.7 尺寸标注

草绘器为了确保截面草图的任一图元都已充分约束，系统在图元绘出的同时会自动标注上完全约束所需的尺寸，这些系统自动添加的尺寸称为弱尺寸。弱尺寸有时候并不符合设计的要求，这时候需要用户自己进行修改或者手动标注尺寸。由用户修改或者手动标注的尺寸称为强尺寸。随着尺寸和约束的添加，如果添加了多余的尺寸或约束，系统会优先自动删除多余的弱尺寸。当没有弱尺寸可以删除时，就会出现尺寸冲突。弱尺寸也可以转化为强尺寸，方法是选择弱尺寸，然后单击右键，在右键菜单中选择"强"即可。

尺寸标注的菜单命令位于"草绘"→"尺寸"级联菜单中。另外，在工具栏中也提供了常用的标注工具按钮，如图 2-19 所示。其中 ⊢⊣ 用于常规尺寸的标注，⊟ 用于标注周长，REF 用于标注参考尺寸，⊡ 用于标注基线尺寸。

图 2-19 标注工具栏

使用 ⊢⊣（常规尺寸）工具，可以标注出大部分所需要的尺寸，如长度、距离、角度、直径、半径等。现对一些常用尺寸的标注方法说明如下：

标注线段长度：单击要标注的线段，然后在放置尺寸的位置单击中键（或滚轮，下同）。

标注距离：分别单击两点（或两平行线，或点与线），然后在放置尺寸的位置单击中键。当两点在水平方向和垂直方向不对齐时，在不同位置单击中键，标注的结果会不一样，如图 2-20 所示。当在虚线框左侧单击中键时，标注结果如图 2-20（a）所示；当在虚线框上方单击中键时，结果如图 2-20（b）所示；当在虚线框里面单击中键时，标注结果如图 2-20（c）所示。

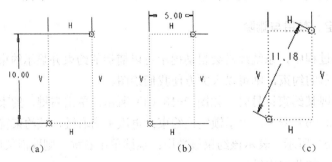

| (a) | (b) | (c) |

图 2-20 两点间距离的标注

标注角度：单击边，再单击另一条边，然后在放置尺寸的位置单击中键。

标注直径：在圆周（或圆弧）上任意单击两点，然后在放置尺寸的位置单击中键。

标注半径：在圆周（或圆弧）上任意单击一点，然后在放置尺寸的位置单击中键。

标注椭圆半径：在椭圆圆周上单击一点，然后单击中键，弹出如图 2-21 所示的对话框，从中选择长轴或者短轴，然后单击"接受"按钮。按同样方法标注另一轴，如图 2-22 所示。

标注对称尺寸：单击要标注的点，接着单击中心线，再单击要标注的点，最后在尺寸的放置位置单击中键。对称尺寸标注结果如图 2-23 所示。

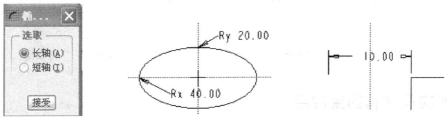

图 2-21　选取对话框　　　图 2-22　椭圆半径的标注　　　图 2-23　对称尺寸的标注

标注圆弧角度：单击圆弧端点，再单击另一个端点，然后单击圆弧上一点，最后在尺寸的放置位置单击中键。圆弧角度标注如图 2-24 所示。

标注样条曲线：样条曲线端点或插值点的距离标注与其他距离的标注方法相同。现介绍样条曲线端点或内部点的相切角度标注方法。单击样条曲线，再单击样条曲线端点（或内部点），然后单击参照图元（一般为中心线），最后在尺寸的放置位置单击中键。样条曲线端点相切角度的标注如图 2-25 所示。

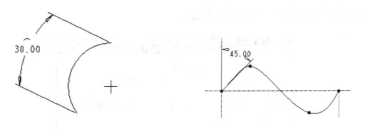

图 2-24　圆弧角度的标注　　　　图 2-25　样条曲线端点相切角度的标注

2.8　创建文本

在工具栏中单击 A（创建文本），或者在菜单栏中选择"草绘"→"文本"命令，接着在图形区分别指定两点，以确定文本的高度和方向，同时系统弹出如图 2-26 所示的"文本"对话框，在"文本行"文本框中输入要插入的文本。如果需要插入一些较为特殊的文本符号（如形位公差的符号等），可以单击该栏中的"文本符号"按钮，在弹出的如图 2-27 所示的"文本符号"对话框中选择所需要的符号。

图 2-26 "文本"对话框　　　　　　图 2-27 "文本符号"对话框

2.9　解决尺寸和约束冲突

在标注尺寸和添加约束的过程中，有时候会遇到出现多余的强尺寸或约束的情况，这时候系统会加亮弹出如图 2-28 所示的"解决草绘"对话框，要求用户移除不需要的尺寸或约束来解决，当然用户也可以撤销当前添加的尺寸或约束来解决冲突。

"解决草绘"对话框中的 4 个按钮的功能如下。

撤销：撤销当前添加的尺寸或约束。

删除：删除列表框中的一个约束或者尺寸。

尺寸＞参照：将列表框中的一个尺寸转换为参照尺寸。该按钮仅在存在冲突尺寸时才可以使用。

解释：在信息栏显示选择项目的说明信息。

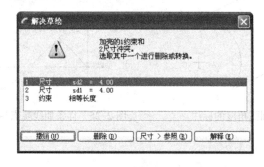

图 2-28 "解决草绘"对话框

2.10　草绘实例

1. 草绘实例 1

完成如图 2-29 所示图形的绘制。

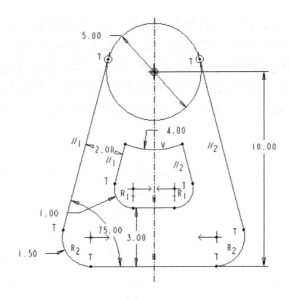

图 2-29 草绘实例 1

（1）新建一个文件名为 ch1 的草绘文件。

（2）在草绘工具栏单击＼（直线）右侧的▶（侧拉按钮），打开侧拉工具栏，从中选择┆（中心线），然后在图形区任意位置单击一点，然后向下移动鼠标，当直线旁边出现竖直约束符号"V"时，单击左键，绘制一条竖直中心线，如图 2-30 所示。接着单击中键（滚轮），退出绘制中心线命令。

（3）单击〇（绘制圆），在中心线上任意位置单击一点作为圆心，接着移动鼠标，在圆心以外任意位置单击一点，绘制一个圆，如图 2-31 所示，其中，中心线上的小圆圈是圆心在中心线上的重合约束标记。然后，单击中键，退出绘制圆的命令。接着，双击该圆的直径数值如 4.67，出现如图 2-32 所示的数字框，在框中输入数值 5，然后回车，将直径修改为 5，结果如图 2-33 所示。

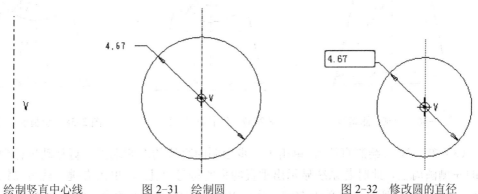

图 2-30　绘制竖直中心线　　　图 2-31　绘制圆　　　图 2-32　修改圆的直径

（4）单击＼（绘制直线），在圆的下面、中心线的左边适当位置单击一点作为直线的起始端，然后向右移动鼠标，当直线两端出现箭头（对称约束符号）时，单击左键，绘制一条关于中心线对称的水平直线，如图 2-34 所示。然后单击中键，退出当前直线的绘制，再单击中键，退出绘制直线命令。

（5）单击 ＼（绘制直线），单击刚才绘制的直线的左边端点，然后将鼠标移动到圆的左侧圆周上，当出现相切约束符号"T"时，单击左键，完成圆的左侧切线的绘制，如图 2-35 所示。接着，单击中键，退出当前直线的绘制。然后，单击水平直线的右端点，接着移动鼠标到圆的右侧圆周上，同样当出现相切约束符号"T"时，单击左键，绘制圆的右侧切线，如图 2-36 所示。然后，单击中键，退出当前直线的绘制。再单击中键，退出绘制直线命令。

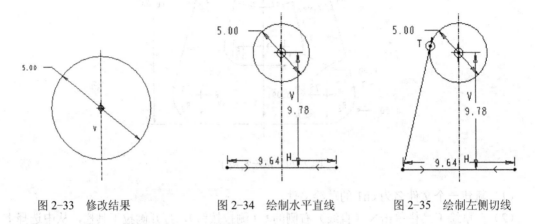

图 2-33　修改结果　　　　　图 2-34　绘制水平直线　　　　图 2-35　绘制左侧切线

（6）单击 ○（绘制圆），单击 $\phi5$ 的圆心作为圆心，移动鼠标在 $\phi5$ 圆的外面适当位置单击一点，创建第二个圆，如图 2-37 所示。

（7）按与步骤（4）相同的方法，在第二个圆的下方绘制一条两端点对称的水平直线，如图 2-38 所示。

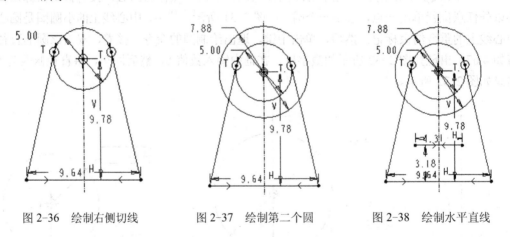

图 2-36　绘制右侧切线　　　　图 2-37　绘制第二个圆　　　　图 2-38　绘制水平直线

（8）单击 ＼（绘制直线），单击上一步绘制的直线的左侧端点，再移动鼠标到第二个圆的左侧圆周上，此时若系统显示出垂直约束的符号"⊥"，单击右键，就可以锁定垂直约束，如图 2-39 所示，再单击右键，就可以切换到禁止垂直约束，如图 2-40 所示。移动鼠标，当出现平行约束符号时，如图 2-41 所示，单击左键，完成左侧直线的绘制，结果如图 2-42 所示。然后单击鼠标中键结束当前直线命令。按同样方法绘制出右侧线段，结果如图 2-43 所示。

（9）单击 ⊁（删除段），将多余的线段删除掉，结果如图 2-44 所示。

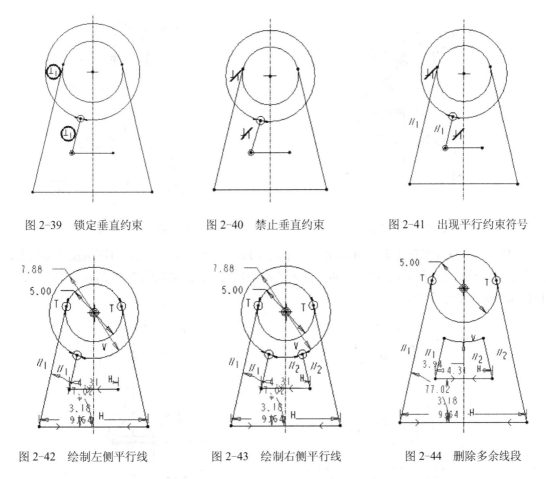

图 2-39　锁定垂直约束　　　　　图 2-40　禁止垂直约束　　　　　图 2-41　出现平行约束符号

图 2-42　绘制左侧平行线　　　　图 2-43　绘制右侧平行线　　　　图 2-44　删除多余线段

（10）单击 ⌐（创建圆角），单击要创建圆角的两条相邻直线，即可创建如图 2-45 所示的圆角。按同样方法创建其他的三个圆角，结果如图 2-46 所示。

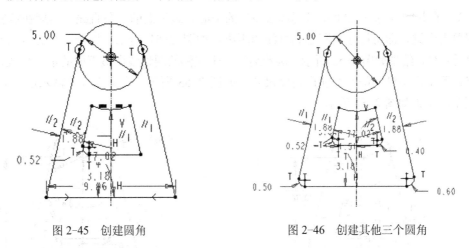

图 2-45　创建圆角　　　　　　　　　图 2-46　创建其他三个圆角

（11）单击 ✛ 旁边的 ，打开约束工具栏，单击 ＝（相等约束），单击选取要相等的两个圆角，单击中键，退出相等约束命令，即可创建如图 2-47 所示的相等约束。按同样方法，使另外两个圆角也相等，结果如图 2-48 所示。

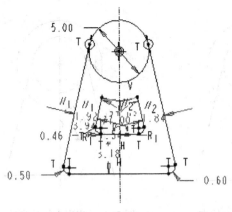

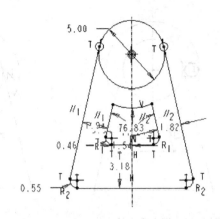

图 2-47　添加相等约束　　　　　　　　　　图 2-48　第二组相等约束

（12）单击 ✛（对称约束），单击要对称的两个圆心，再单击中心线，即可添加对称约束，如图 2-49 所示。按同样方法使另外两个圆角的圆心也对称，结果如图 2-50 所示。单击中键，退出添加对称约束命令。

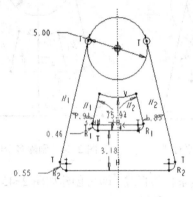

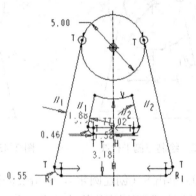

图 2-49　添加对称约束　　　　　　　　　　图 2-50　第二组对称约束

（13）单击 ↔（标注尺寸），分别单击 $\phi5$ 的圆心和最下面的一条直线，然后在放置尺寸的位置单击中键，即可标注出圆心到直线的距离，如图 2-51 所示。接着，在文本框中输入 10，然后回车，结果如图 2-52 所示。接着继续单击左侧的圆切线和最下面的水平直线，然后在适当位置单击中键，即可标注出角度尺寸，如图 2-53 所示。在文本框中输入角度值 75，然后回车，结果如图 2-54 所示。

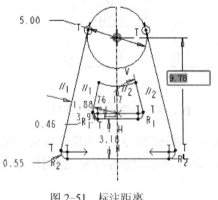

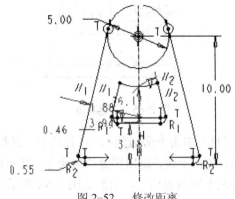

图 2-51　标注距离　　　　　　　　　　　　图 2-52　修改距离

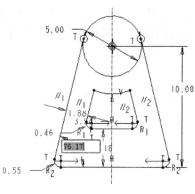

图 2-53　标注角度

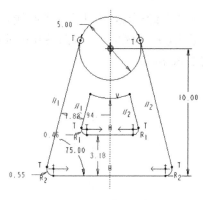

图 2-54　修改角度

（14）双击需要修改的尺寸，如图 2-55 所示，然后输入尺寸 3，回车，结果如图 2-56 所示，即可完成尺寸的修改。按同样的方法，完成其他尺寸的修改，最后结果如图 2-57 所示。

（15）保存文件，完成草绘图形的绘制。

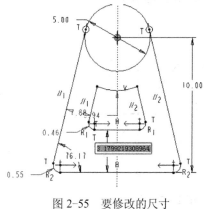

图 2-55　要修改的尺寸

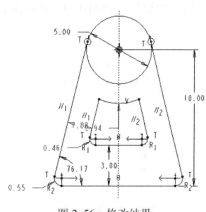

图 2-56　修改结果

2. 草绘实例 2

完成如图 2-58 所示图形的绘制。

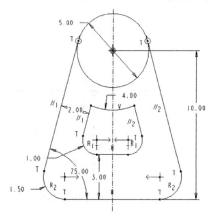

图 2-57　完成尺寸的修改

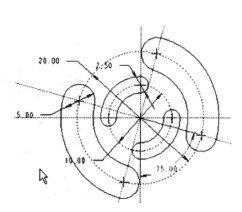

图 2-58　草绘实例 2

（1）新建一个文件名为 ch2 的草绘文件。

（2）进入草绘环境，单击 （中心线），绘制两条互相垂直的中心线，如图 2-59 所示。

（3）单击 ◯ （绘建圆），以两条互相垂直的中心线的交点为圆心，绘制一个直径为 10 的圆，如图 2-60 所示。

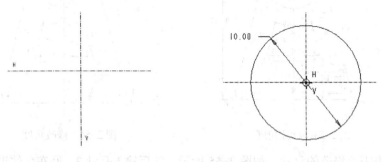

图 2-59　绘制两条中心线　　　　　　　图 2-60　绘制圆

（4）在 ϕ10 的圆周上单击选取该圆，然后单击右键，弹出如图 2-61 所示的快捷菜单。在该菜单中选择"构建"，将 ϕ10 的圆转换成构建圆，如图 2-62 所示。

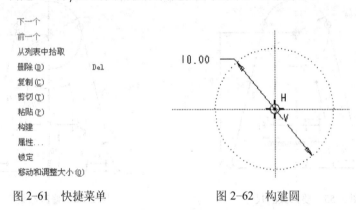

图 2-61　快捷菜单　　　　　　　　图 2-62　构建圆

（5）分别以 ϕ10 的构建圆和两条中心线的交点为圆心，绘制两个 ϕ2.5 的圆，如图 2-63 所示。

（6）单击 （3 点/相切端）旁边的 ，打开圆弧工具栏，单击 （圆心和端点），以两条中心线的交点为圆心，绘制如图 2-64 所示的两段圆弧。

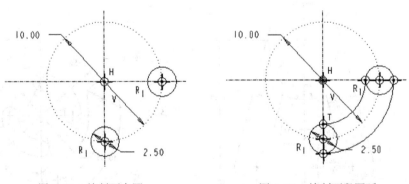

图 2-63　绘制两个圆　　　　　　　　图 2-64　绘制两段圆弧

（7）单击 ，删除多余的线段，结果如图 2-65 所示。

（8）单击 （中心线），绘制一条与水平中心线成 45°角的中心线，如图 2-66 所示。

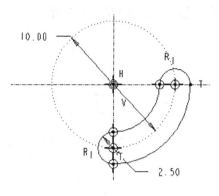

图 2-65　删除结果

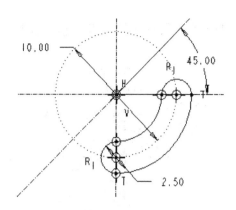

图 2-66　绘制中心线

（9）用鼠标框选如图 2-67 所示的图形，接着单击 （镜像），然后单击上一步创建的中心线，即可镜像框选的图形，结果如图 2-68 所示。

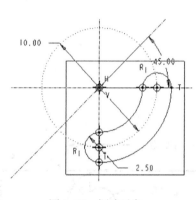

图 2-67　框选对象

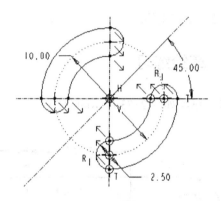

图 2-68　镜像结果

（10）用鼠标框选如图 2-69 所示的图形，接着单击 （复制），再单击 （粘贴），然后单击两条中心线的交点，就会弹出如图 2-70 所示的对话框。在"平行/水平"文本框中输入 0，"正交/垂直"文本框中输入 0，接着在"旋转/缩放"栏下单击激活"参照"后面的文本框（收集器），再选取绘图区圆弧的中心点，然后输在"旋转"文本框中输入 75，在"缩放"文本框中输入 2，单击"确认"按钮 ✔，结果如图 2-71 所示。

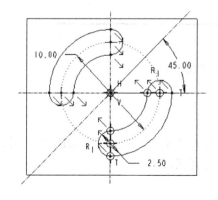

图 2-69　框选对象

图 2-70　"移动和调整大小"对话框

（11）在工具栏单击 和 ，关闭尺寸和约束的显示，结果如图 2-72 所示。

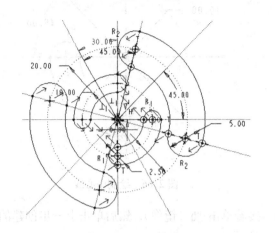

图 2-71　复制结果

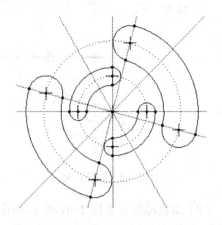

图 2-72　关闭尺寸和约束的显示

（12）保存文件。

2.11　草绘练习

（1）草绘如图 2-73 所示的图形。

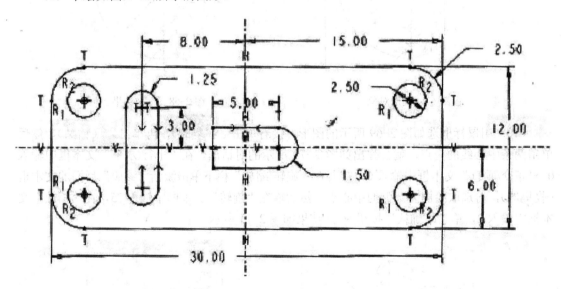

图 2-73　草绘练习 1

（2）草绘如图 2-74 所示的图形。

（3）草绘如图 2-75 所示的图形。

（4）草绘如图 2-76 所示的图形。（提示：打开"文本"对话框后勾选"沿曲线放置"选项，如图 2-77 所示，然后选择半径为 26 的构建圆弧。）

（5）草绘如图 2-78 所示的图形。

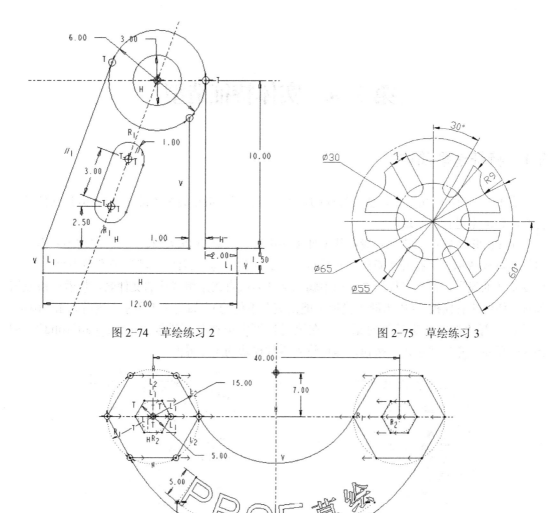

图 2-74 草绘练习 2

图 2-75 草绘练习 3

图 2-76 草绘练习 4

图 2-77 "文本"对话框

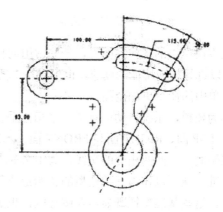

图 2-78 草绘练习 5

第3章 实体特征造型

3.1 特征造型简述

在 Pro/E 中，产品造型是基于特征的，特征是其三维造型最基本的单元。Pro/E 软件通过特征的叠加来进行产品造型。

用 Pro/E 进行产品造型一般在其零件模块中进行。启动 Pro/E 程序后，在初始界面上单击新建对象图标□，打开"新建"对话框，其默认类型为"零件"，默认子类型为"实体"。接受默认的设置，在"名称"文本框中输入文件名或直接采用默认的文件名，接着一般取消勾选"使用缺省模板"（因为缺省模板可能是英制单位的），如图 3-1 所示。然后单击"确定"按钮，打开"新文件选项"对话框，在该对话框中选择公制模板"mmns_part_solid"，如图 3-2 所示。单击"确定"按钮，即可进入零件模块的工作界面。

图 3-1 "新建"对话框

图 3-2 "新文件选项"对话框

在零件模块的工作界面上，一些常用的特征工具排列在图形区的右侧，直接单击这些工具，可以进行相应特征的创建。也可以在"插入"菜单中选择特征命令，如图 3-3 所示。"插入"菜单中的命令更加全面。

作为模板，系统自动创建了三个相互垂直的基准平面和一个基准坐标系。三个基准平面分别为 TOP 面、RIGHT 面和 FRONT 面。基准坐标系 PRT_CSYS_DEF 的三条轴线分别为三个基准平面相互两两相交的交线，其中 Z 轴与 TOP 面垂直，在默认方向下，Z 轴指向向上。这些基准特征可以作为三维造型的初始定位基准和参照。视图的旋转中心图标🔆就位于坐标原点上。这些基准特征既显示在图形区，也显示在模型树的根目录列表上。单击层工具图标▤，切换到层树，如图 3-4 所示。系统也自动创建了六个总层和两个系统参照层，六个总层分别为基准平面层、基准轴层、基准曲线层、基准点层、坐标系层和曲面层。所有的基准平面、基准轴线、基准曲线、基准点、坐标系和曲面（不管是用户创建的还是系统自动创建的）都分别被包括在对应的层上。两个系统参照层分别为基准平面参照层和基准坐标系参照层，平面参照层只包括 TOP、RIGHT 和 FRONT 三个基准面，坐标系参照层只包括 PRT_CSYS_DEF 坐标系。

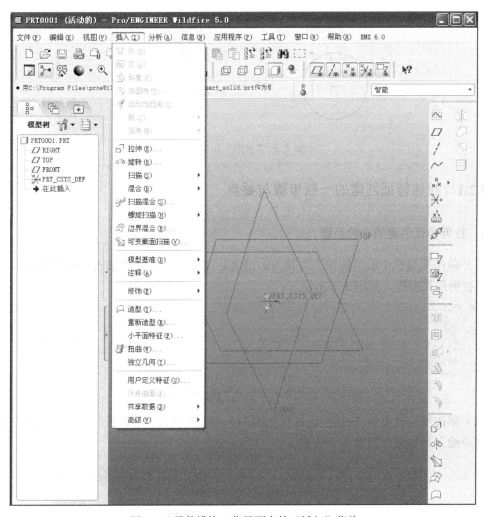

图 3-3　零件模块工作界面中的"插入"菜单

图 3-4　层树

3.2 拉伸特征

拉伸特征是将二维草绘截面沿着与草绘平面垂直的方向拉伸一定的长度形成的，如图 3-5 所示，它是最基本和最常用的零件造型特征。

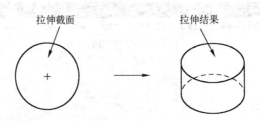

图 3-5 "拉伸"示意图

3.2.1 拉伸特征创建的一般步骤与要点

1. 拉伸特征创建的一般步骤

（1）单击工具栏中的"拉伸"工具 ⟂，或者在菜单栏中选择"插入"→"拉伸"，系统弹出"拉伸"操控板，如图 3-6 所示。

图 3-6 "拉伸"操控板

（2）单击操控板中的"放置"，打开如图 3-7 所示的"放置"面板。单击"定义"按钮，弹出"草绘"对话框，如图 3-8 所示。

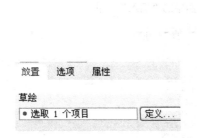

图 3-7 "放置"面板　　　　图 3-8 "草绘"对话框

草绘平面：绘制特征截面的平面。

草绘方向：看草绘平面的视图方向。选择了草绘平面之后，草绘面上会有一个箭头表示草绘方向。进入草绘模式时，该箭头方向与计算机屏幕垂直并指向屏幕里面。草绘方向可通过对话框中的"反向"来切换，也可以直接在图形区单击草绘平面上的箭头来切换。

参照：用来确定草绘面进入草绘时的摆放方位的平面，该平面必须与草绘平面垂直。

方向：草绘平面进入草绘时，上述参照平面的方向。

在 Pro/E 中，平面有正、反两个方向。在缺省方向下，TOP 面的正向朝上，FRONT 面的正向朝前，RIGHT 面的正向朝右，实体表面的正向朝外。

参照平面的方向对草绘平面的影响如图 3-9 所示。假设长方形为草绘平面，粗实线为参照平面在草绘面上的投影，箭头的方向为参照面的正向。则当设置参照面向顶（上）时，草绘面进入草绘模式后的摆放方位将如图 3-9（a）所示；当设置参照面向底（下）时，草绘面的摆放将如图 3-9（b）所示；当设置参照面向右时，草绘面的摆放将如图 3-9（c）所示；当设置参照面向左时，草绘面的摆放将如图 3-9（d）所示。

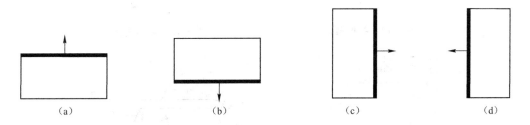

| (a) | (b) | (c) | (d) |

图 3-9　参照平面的方向对草绘平面的影响

（3）在图形区点选一个基准平面如 TOP 面作为草绘平面。系统自动选取 RIGHT 面作为参照面，方向向右，如图 3-10 所示，并在 TOP 面上用箭头标出草绘方向，如图 3-11 所示。

图 3-10　"草绘"对话框

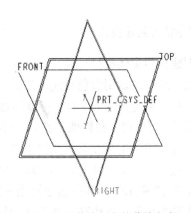

图 3-11　草绘面上的草绘方向

参照面也可以自己选择任意一个与草绘平面垂直的平面。单击激活"草绘"对话框中"参照"栏后面的收集器（收集器激活时会加亮显示），再点选其他的参照面，所选参照面会替换原来的参照面。草绘平面与参照平面选择后如果不满意，都可以重新选择，方法是先单击激活草绘平面或参照平面的收集器，再在图形区或直接在模型树上点选要选的平面即可。

（4）接受默认的草绘方向和参照，单击"草绘"按钮进入草绘模式，然后绘制如图 3-12 所示的截面，完成后单击完成图标 ✔，系统结束草绘模式，返回零件模式。

（5）在"拉伸"操控板上接受默认的拉伸深度类型为 ⏊（盲孔），在其后面的深度值文本框中输入 15，回车，然后单击完成图标 ✔，完成拉伸特征的创建。在图形区按住滚轮（中键）拖动，可以旋转视图，从而可以从不同的方向观察所创建的特征，如图 3-13 所示。或者在工具栏单击 ⬚ᴬᴮ（保存的视图列表），打开如图 3-14 所示的下拉列表，从中选择"缺省方向"，结果如图 3-15 所示。

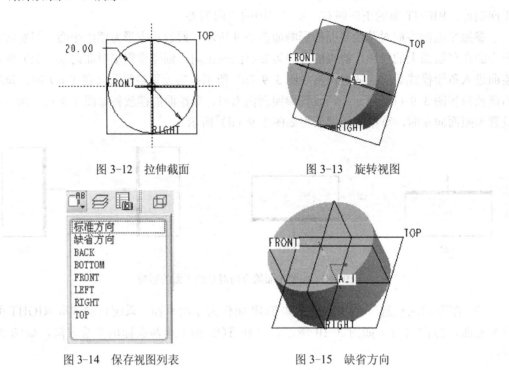

图 3-12　拉伸截面　　　　　　　　　　图 3-13　旋转视图

图 3-14　保存视图列表　　　　　　　　图 3-15　缺省方向

2. 拉伸特征创建要点

（1）创建拉伸实体特征一般要求截面封闭，不能有开放的环。有时候用眼睛很难看出截面是否封闭，这时可以用着色封闭环工具 ▦ 来诊断。如果截面不着色，说明截面要么存在开放端，要么存在重叠几何。这时，可以用加亮开放端点工具 ▨ 找出开放端，对于开放端需要相交的两图元，可以用拐角修剪工具 ┣ 使其延伸相交；对于多余的开放图元，直接将其删除。对于重叠的几何可以用加亮重叠几何工具 ▨ 来找出重叠的位置，然后将重叠的图元删除。

（2）当截面上有多个环时，环与环之间不能相交。如图 3-16 所示的两种截面都是不允许的，如图 3-17 所示的两种截面则是允许的。当环与环嵌套时，如图 3-17（b）所示，则拉伸特征将内环当做孔，在内环与外环之间拉伸为实体。

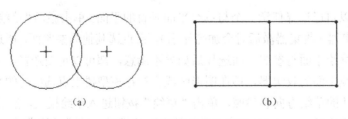

（a）　　　　　　　　　　　　　　　（b）

图 3-16　不允许的拉伸截面

（a） （b）

图 3-17 允许的拉伸截面

3.2.2 "拉伸"操控板

拉伸特征的各项定义参数都集中在如图 3-18 所示的"拉伸"操控板上，以下介绍该操控板上一些选项的功能。

图 3-18 "拉伸"操控板

（1）放置：其作用是定义拉伸截面。

（2）选项：单击此项，打开"选项"面板，如图 3-19 所示，可分别对侧 1 和侧 2 设置不同的拉伸深度类型。默认情况下，侧 2 无拉伸。封闭端单选项用于将拉伸曲面的两端封闭起来，实体拉伸不能使用此选项。

图 3-19 "选项"面板

（3）属性：用来定义拉伸特征的名称。

● □（实体）：创建的拉伸特征为实体。

● ◻（曲面）：创建的拉伸特征为曲面。

拉伸的深度类型。单击 ⊥ 右边的 ，可以打开深度类型下拉工具栏，拉伸的深度类型有以下几种：

● ⊥（盲孔）：从草绘平面开始以指定的深度值来拉伸。

● ⊟（对称）：在草绘平面两侧以指定的拉伸深度值来对称拉伸。

● ⊨（到下一个）：拉伸到草绘面一侧（由拉伸方向确定）的下一个曲面。

● ⊨（穿透）：拉伸到与草绘面一侧（由拉伸方向确定）的所有曲面相交，即从草绘面开始拉伸到达草绘面一侧的最后一个曲面时终止。

- ⊥（穿至）：将截面拉伸至与选定的曲面或平面相交。
- ⊥（到选定的）：将截面拉伸至一个选定的点、曲线、平面或曲面。
- 216.51 ▼：用于输入拉伸深度（或长度）值的文本框。
- ⚹（切换方向）：将拉伸的深度方向更改为草绘面的另一侧，也可以直接单击图形窗口中的箭头来改变拉伸方向。
- ⬠（切除材料）：用以对实体进行修剪。
- ☐（加厚草绘）：通过将指定厚度应用到截面轮廓来创建薄壁实体。
- ☑️∞（预览）：预览创建的拉伸特征。

3.2.3 拉伸特征应用实例

实例 1 创建如图 3-20 所示的三维实体模型

（1）新建一个零件模型，文件名为 lashen1.prt。

（2）创建零件的第一个实体拉伸特征。

① 单击"拉伸"工具⬠，打开"拉伸"操控板。

② 在"拉伸"操控板上单击"放置"，打开如图 3-21 所示的"放置"面板。单击"定义"按钮，弹出"草绘"对话框，选取 FRONT 基准面为草绘平面，系统自动选择 RIGHT 基准面作为参照平面，方向为右，如图 3-22 所示。在对话框中单击"草绘"按钮，系统进入草绘环境。

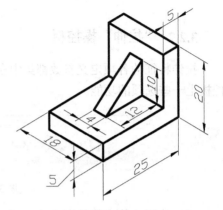

图 3-20 实例 1

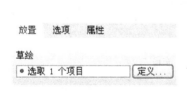

图 3-21 "放置"面板

图 3-22 "草绘"对话框

③ 进入截面草绘环境后，绘制如图 3-23 所示的特征截面，然后单击草绘器工具栏中的完成图标✔，系统返回零件模式。

④ 在"拉伸"操控板中，选取深度类型为 ⊟（对称），输入深度值 18。

⑤ 在操控板中，单击☑️∞可以预览所创建的特征。单击完成图标☑️，完成拉伸特征的创建，结果如图 3-24 所示。

（3）添加零件的第二个实体拉伸特征。

① 单击"拉伸"工具⬠，打开"拉伸"操控板。

② 在操控板中单击"放置"，然后单击"定义"按钮；接着选择 FRONT 基准面为草绘

平面，参照平面为 RIGHT 基准面，方向为右；单击"草绘"按钮，系统进入草绘环境。

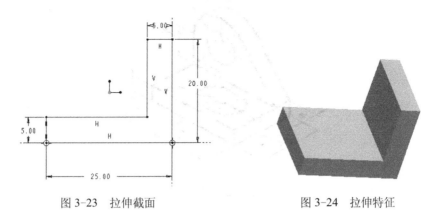

图 3-23　拉伸截面　　　　　　　　　　　　图 3-24　拉伸特征

③ 进入草绘环境后，在菜单栏选择"草绘"→"参照"，弹出"参照"对话框，接着选取如图 3-25 所示的两条边（实际上是实体的两个表面）作为参照，结果如图 3-26 所示。

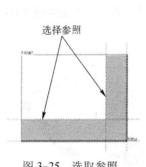

图 3-25　选取参照　　　　　　　　　　　　图 3-26　"参照"对话框

④ 绘制如图 3-27 所示的特征截面图形。单击右侧工具栏中的完成图标✔，结束草绘。

⑤ 在"拉伸"操控板中选取深度类型为（对称），输入深度值 4，单击完成图标☑，完成第二个拉伸特征的创建，结果如图 3-28 所示。

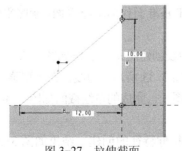

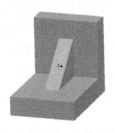

图 3-27　拉伸截面　　　　　　　　　　　　图 3-28　拉伸结果

（4）保存文件。

实例 2　创建如图 3-29 所示的三维实体模型

（1）新建一个零件模型，将其命名为 lashen2。

（2）创建零件的第一个拉伸特征。

① 单击"拉伸"工具，打开"拉伸"操控板。

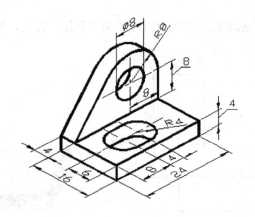

图 3-29 实例 2

② 在操控板中单击"放置",然后单击"定义"按钮。接着选取 TOP 基准面为草绘平面，RIGHT 基准面为参照平面，方向为右；单击"草绘"按钮，进入草绘环境。

③ 进入草绘环境后，绘制如图 3-30 所示的特征截面，单击完成图标✔，结束草绘。

④ 在"拉伸"操控板中，输入深度值 4，然后单击完成图标☑，完成拉伸特征的创建，结果如图 3-31 所示。

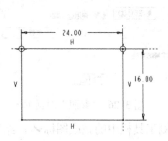

图 3-30 特征截面图形

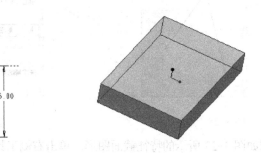

图 3-31 拉伸特征

（3）添加零件的第二个拉伸特征。

① 单击☞，打开"拉伸"操控板。选择 FRONT 基准面作为草绘平面，参照平面为 RIGHT 基准面，方向为右，进入草绘环境。

② 进入草绘环境后，单击草绘工具☐（通过边线创建图元），弹出如图 3-32 所示的"类型"和"选取"菜单，然后选择实体的上边线，绘制如图 3-33 所示的边线，在类型菜单中单击"关闭"按钮，完成边线的绘制。然后继续绘制其他的图元，完成的草绘截面如图 3-34 所示，结束草绘。

③ 在"拉伸"操控板上输入深度值 4，结束拉伸特征的创建，结果如图 3-35 所示。

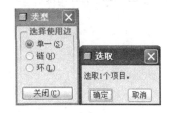

图 3-32 "类型"和"选取"菜单

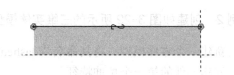

图 3-33 通过边线绘制图元

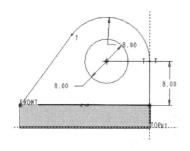

图 3-34　拉伸特征　　　　　　　　图 3-35　特征截面图形

（4）添加零件的第三个拉伸特征。

① 在工具栏单击🗗，打开"拉伸"操控板，在操控板上单击⬜（切除材料），如图 3-36 所示。此时，操控板上有两个 ⚒（切换方向）按钮，其中前一个 ⚒用于切换拉伸的方向，后一个 ⚒用于切换切除材料的方向。

图 3-36　"拉伸"操控板

② 设置草绘平面为 TOP 基准面，参照平面为 RIGHT 基准面，方向为右；进入草绘环境后，绘制如图 3-37 所示的截面图形，结束草绘。

③ 在"拉伸"操控板上单击前一个 ⚒，使拉伸方向指向实体所在的一侧，切除材料的方向接受默认的指向草绘截面内部，如图 3-38 所示。将拉伸的深度类型设置为⋢，结束拉伸特征的创建，结果如图 3-39 所示。

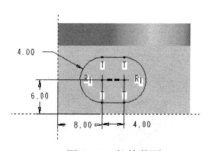

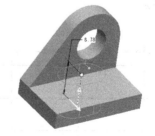

图 3-37　拉伸截面　　　　　　　图 3-38　拉伸方向和切除材料方向

图 3-39　拉伸结果

（5）保存文件。

实例 3　创建如图 3-40 所示的三维实体模型

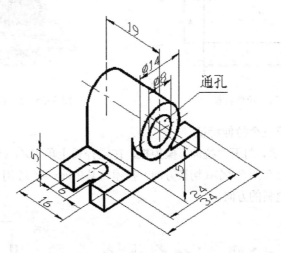

图 3-40　实例 3

（1）创建一个零件模型，文件名为 lashen3.prt。

（2）创建零件的第一个实体拉伸特征。

① 单击 ⊿，打开"拉伸"操控板。

② 在操控板中单击"放置"，然后单击"定义"按钮，选取 TOP 基准面为草绘平面，RIGHT 基准面为参照平面，方向为右，单击"草绘"按钮，进入草绘环境。

③ 进入草绘环境后，绘制如图 3-41 所示的特征截面，结束草绘。

④ 在"拉伸"操控板中，输入深度值 5，单击完成图标 ☑，完成拉伸特征的创建，结果如图 3-42 所示。

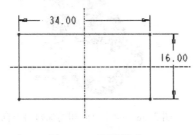

图 3-41　截面图形

图 3-42　拉伸特征

（3）创建零件的第二个拉伸特征。

① 单击 ⊿，打开"拉伸"操控板。

② 在操控板中单击 ⊿（切除材料），选择刚才创建的拉伸特征的上表面为草绘平面，RIGHT 基准面为参照平面，方向为右；进入草绘环境后，绘制如图 3-43 所示的截面图形；选取深度类型 ╫，拉伸结果如图 3-44 所示。

（4）创建零件的第三个实体拉伸特征。

① 单击 ⊿，打开"拉伸"操控板。

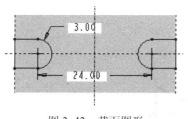

图 3-43　截面图形

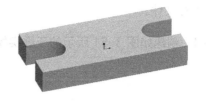

图 3-44　拉伸结果

② 设置 FRONT 基准面为草绘平面，RIGHT 基准面为参照平面，方向为右；进入草绘环境后，绘制如图 3-45 所示的特征截面，结束草绘。

③ 在拉伸操控板中打开"选项"面板，设置第 1 侧、第 2 侧拉伸深度分别为 11 和 8，如图 3-46 所示，结束拉伸特征的创建，结果如图 3-47 所示。

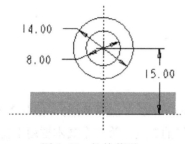

图 3-45　拉伸截面

图 3-46　"选项"面板

（5）创建零件的第四个拉伸特征。

① 单击 $\Box$ ，打开"拉伸"操控板。选择第一个拉伸特征的上表面为草绘平面，RIGHT 面向右为参照，进入草绘，单击"通过边创建图元"工具 $\Box$ ，在图形区选择边线，修剪多余的线段，得到如图 3-48 所示的特征截面，结束草绘。

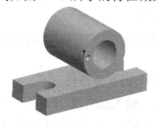

图 3-47　拉伸结果

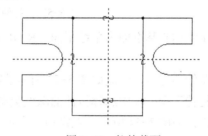

图 3-48　拉伸截面

② 在"拉伸"操控板中，设置深度类型为 $\Box$ （到选定的），然后单击如图 3-49 所示的曲面，结束特征的创建，结果如图 3-50 所示。

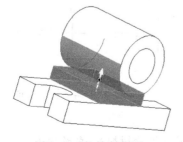

图 3-49　拉伸到曲面

图 3-50　拉伸结果

（6）保存文件。

实例 4　创建如图 3-51 所示的三维实体模型

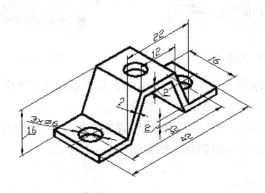

图 3-51　拉伸实例 4

（1）创建一个零件模型，文件名为 lashen4.prt。

（2）创建零件的一个拉伸特征。

① 单击 ⯅，打开"拉伸"操控板，在操控板中单击 ⬜（加厚草绘），如图 3-52 所示。操控板上有两个文本框，第一个文本框用于输入拉伸的深度，第二个文本框用于输入加厚的厚度。另外，操控板上也有两个 ✕（切换方向）按钮，其中前一个 ✕ 用于切换拉伸的方向，后一个 ✕ 用于切换加厚的方向，可在草绘图形的外侧、内侧和两侧间切换方向。

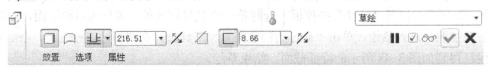

图 3-52　"拉伸"操控板

② 选择 FRONT 基准面为草绘平面，RIGHT 基准面为参照平面，方向为右，进入草绘环境。

③ 进入草绘环境后，绘制如图 3-53 所示的特征截面，结束草绘。

④ 在"拉伸"操控板中选择拉伸的深度类型为 ⯃，输入深度值 16，输入加厚的厚度为 2，方向为向内，如图 3-54 所示。在操控板上单击完成图标 ☑，完成拉伸特征的创建。

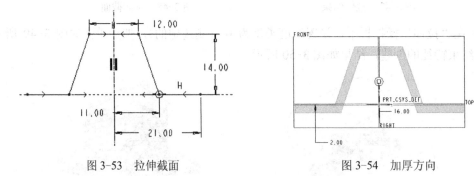

图 3-53　拉伸截面　　　　　　　　　　图 3-54　加厚方向

（3）创建零件的第二个拉伸特征。

① 单击 ⯅，在打开的"拉伸"操控板中单击 ⬚（切除材料）。草绘平面为上一步创建的

拉伸特征的顶面，参照平面为 RIGHT 基准面，方向为右。进入草绘环境后，绘制如图 3-55 所示的截面，结束草绘。

② 在"拉伸"操控板中选择拉伸深度为 ╣╠（穿透），结束特征的创建，拉伸结果如图 3-56 所示。

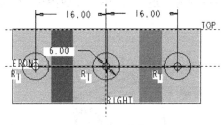

图 3-55　拉伸截面

图 3-56　拉伸结果

（4）保存文件。

实例 5　创建如图 3-57 所示的三维实体模型

（1）创建一个零件模型，文件名为 lashen5.prt。

（2）创建零件的第一个拉伸特征。

① 单击 ⬚，打开"拉伸"操控板。选取 FRONT 基准面为草绘平面，RIGHT 基准面为参照平面，方向为右，进入草绘环境。

② 绘制如图 3-58 所示的特征截面，然后结束草绘。在"拉伸"操控板中输入拉伸深度为 16，单击完成图标 ☑，完成拉伸特征的创建，结果如图 3-59 所示。

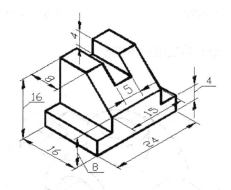

图 3-57　拉伸实例 5

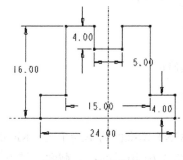

图 3-58　拉伸截面

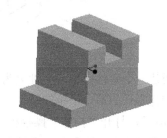

图 3-59　拉伸结果

（3）创建零件的第二个拉伸特征。

① 单击 ，在"拉伸"操控板中单击 （切除材料），选取如图 3-60 所示的实体表面作为草绘平面，选择如图 3-61 所示的面作为参照面，方向为右。进入草绘环境，绘制如图 3-62 所示的截面，然后结束草绘。

② 在"拉伸"操控板中将拉伸的深度类型设置为穿透 ，单击完成图标 ，拉伸结果如图 3-63 所示。

（4）保存文件。

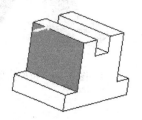
图 3-60　选择草绘平面

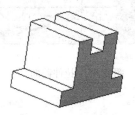
图 3-61　选择参照平面

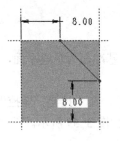
图 3-62　拉伸截面

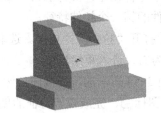
图 3-63　拉伸结果

实例 6　创建如图 3-64 所示的三维实体模型

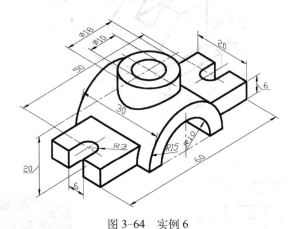
图 3-64　实例 6

（1）新建一个零件模型，文件名为 lashen6.prt。

（2）创建零件的第一个拉伸特征。

① 单击 ，打开"拉伸"操控板。选择 FRONT 基准面为草绘平面，RIGHT 基准面为参照平面，方向为右。进入草绘环境后，绘制如图 3-65 所示的特征截面，结束草绘。

② 在"拉伸"操控板中选取深度类型为 ⊟（对称），输入深度值为 30，拉伸结果如图 3-66 所示。

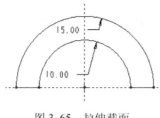

图 3-65　拉伸截面

图 3-66　拉伸结果

（3）创建零件的第二个拉伸特征。

① 创建 DTM1 基准面。单击"基准平面"工具 ▱，在弹出的"基准平面"对话框中选择 TOP 基准面为参照平面，输入偏距为 20，如图 3-67、图 3-68 所示，在对话框中单击"确定"按钮，完成基准平面的创建。

图 3-67　"基准平面"对话框

图 3-68　创建基准平面

② 单击 ▱，打开"拉伸"操控板，选择新建的 DTM1 基准面为草绘平面，RIGHT 基准面为参照平面，方向为右。进入草绘环境后绘制如图 3-69 所示的特征截面。选取深度类型为 ⬓，并选择如图 3-70 所示的曲面为参照，拉伸结果如图 3-71 所示。

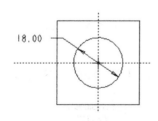

图 3-69　特征截面

图 3-70　参照曲面

（4）创建零件的第三个拉伸特征。

单击 ▱，打开"拉伸"操控板，单击 ⬚（切除材料），草绘平面为 DTM1 基准面，参照平面为 RIGHT 基准面，方向为右，草绘如图 3-72 所示截面，拉伸深度类型为 ⬓，拉伸结果如图 3-73 所示。

（5）创建零件的第四个拉伸特征。

单击 ▱，打开"拉伸"操控板，选择 FRONT 基准面为草绘平面，RIGHT 基准面为参照平面，方向为右。进入草绘环境后，绘制如图 3-74 所示的特征截面。将拉伸深度类型设为对称 ⊟，深度为 20，拉伸结果如图 3-75 所示。

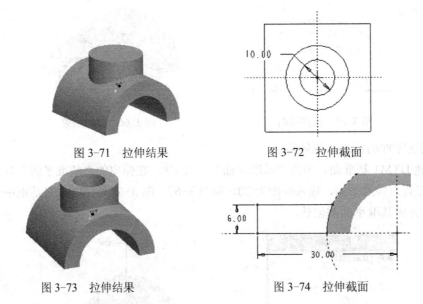

图 3-71　拉伸结果　　　　　　　　图 3-72　拉伸截面

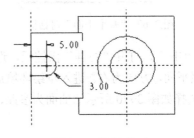

图 3-73　拉伸结果　　　　　　　　图 3-74　拉伸截面

（6）创建第五个拉伸特征。

单击 ，打开"拉伸"操控板，按下 （切除材料），草绘平面为第四个拉伸特征的上表面，参照平面为 RIGHT 基准面，方向为右，草绘如图 3-76 所示截面，拉伸深度为 ，拉伸结果如图 3-77 所示。

图 3-75　拉伸结果　　　　　　　　图 3-76　拉伸截面

（7）镜像复制特征。

① 按住 Ctrl 键在导航器的模型树中选择拉伸 4、拉伸 5，如图 3-78 所示。

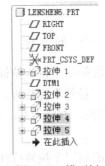

图 3-77　拉伸结果　　　　　　图 3-78　模型树

② 单击镜像工具 ⅀⊂，打开如图 3-79 所示的"镜像"操控板。

图 3-79 "镜像"操控板

③ 选择 RIGHT 基准面为镜像平面，在操控板上单击
完成图标☑，完成镜像操作，结果如图 3-80 所示。

（8）保存文件。

3.2.4 拉伸特征练习

（1）创建如图 3-81 所示的三维实体模型。

（2）创建如图 3-82 所示的三维实体模型。

图 3-80 镜像结果

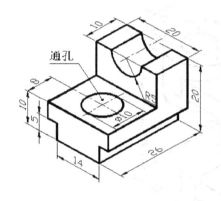

图 3-81 拉伸特征练习 1

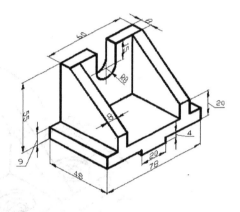

图 3-82 拉伸特征练习 2

（3）创建如图 3-83 所示的三维实体模型。

（4）创建如图 3-84 所示的三维实体模型。

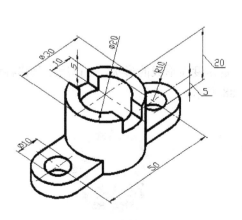

图 3-83 拉伸特征练习 3

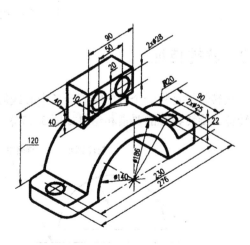

图 3-84 拉伸特征练习 4

（5）创建如图 3-85 所示的三维实体模型。

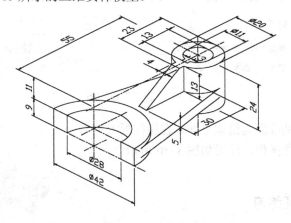

图 3-85 拉伸特征练习 5

（6）创建如图 3-86 所示的三维实体模型。

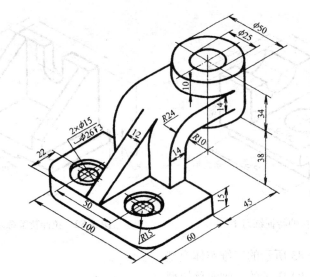

图 3-86 拉伸特征练习 6

3.3 旋转特征

旋转特征是将一个截面绕着一条中心线旋转一定角度而形成的形状，可以用来创建各种回转体。旋转特征的要素和结果如图 3-87 和图 3-88 所示。

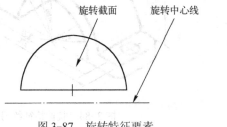

图 3-87 旋转特征要素

图 3-88 旋转结果

3.3.1 旋转特征创建的一般步骤与要点

1. 旋转特征创建的一般步骤

（1）单击工具栏中的"旋转"工具 ⚭，或者在菜单栏中选择"插入"→"旋转"，弹出"旋转"操控板，如图3-89所示。

图3-89 "旋转"操控板

（2）单击操控板中的"放置"，打开如图3-90所示"放置"面板，在面板上单击"定义"按钮，弹出如图3-91所示的"草绘"对话框。

图3-90 "放置"面板

图3-91 "草绘"对话框

（3）在图形区选择TOP面作为草绘平面，系统自动选择RIGHT面作为参照面，方向为右，如图3-92所示，接受默认的设置，单击"草绘"按钮，系统进入草绘模式。

（4）在草绘环境中绘制如图3-93所示的旋转截面，并绘制一条中心线作为旋转轴，完成后结束草绘。

图3-92 "草绘"对话框

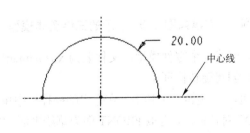

图3-93 旋转截面

（5）程序返回到零件环境。在"旋转"操控板上，默认的旋转角度为360°。接受默认设置，单击完成图标 ☑，完成旋转特征的创建，结果如图3-94所示。

2．旋转特征创建要点

（1）旋转特征一般要求绘制一条中心线作为旋转轴。

（2）旋转实体特征的截面一般要求封闭。

（3）旋转截面必须在旋转轴的同一侧。

图 3-94　旋转结果

3.3.2 "旋转"操控板

旋转特征的各项定义参数都集成在如图 3-95 所示的"旋转"操控板上。下面介绍该操控板中的主要选项的功能。

图 3-95　"旋转"操控板

放置：打开"放置"面板，如图 3-96 所示，该面板用来定义旋转截面并指定旋转轴。"定义"按钮用来定义旋转截面，"轴"项用来指定旋转轴。

选项：打开"选项"面板，如图 3-97 所示，"角度"栏用来定义草绘面的侧 1 与侧 2 的旋转类型与旋转角度，"封闭端"项适用于创建旋转曲面，用来将旋转曲面的两端封闭。

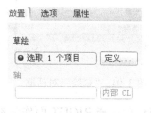

图 3-96　"位置"面板

图 3-97　"选项"面板

旋转类型：在"旋转"操控板上单击▼，可打开旋转类型下拉工具栏。其中业指从草绘平面开始以指定的角度值旋转，日指在草绘平面的两侧以对称的形式旋转指定的角度，业指从草绘平面开始旋转至选定的点、平面或曲面。

3.3.3 旋转特征应用实例

实例 1　创建如图 3-98 所示的三维实体模型

（1）创建一个零件模型，文件名为 xuanzhuan1.prt。

（2）创建旋转特征 1。

① 单击"旋转"工具✷，在弹出的操控板中单击"放置"，然后单击"定义"按钮，在弹出"草绘"对话框后，选取 FRONT 面为草绘平面，RIGHT 面为参照平面，方向为右，单击"草绘"按钮，进入草绘环境。

② 进入草绘环境后，绘制如图 3-99 所示的特征截面，单击完成图标✔，结束草绘。

③ 在"旋转"操控板上输入旋转角度为 360°，单击完成图标☑，完成特征的创建，结果如图 3-100 所示。

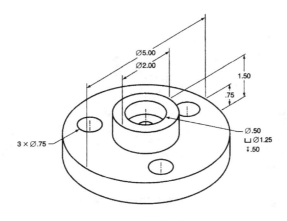

图 3-98　旋转特征实例 1

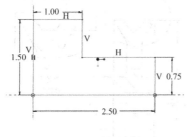

图 3-99　旋转截面

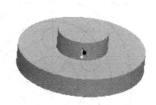

图 3-100　旋转结果

（3）创建旋转特征 2。单击"旋转"工具 ✦，在"旋转"操控板中单击 ⬜（切除材料），选择 FRONT 基准面为草绘平面，RIGHT 基准面为参照平面，方向为右。进入草绘环境后，绘制如图 3-101 所示的旋转截面，旋转角度为 360°，旋转结果如图 3-102 所示。

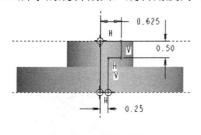

图 3-101　旋转截面

图 3-102　旋转结果

（4）创建拉伸特征。单击 ⬚，在"拉伸"操控板上单击 ⬜，草绘平面为图 3-103 所示的平面，参照平面为 RIGHT 基准面，方向为右，拉伸截面如图 3-104 所示，拉伸结果如图 3-105 所示。

（5）保存文件。

实例 2　创建如图 3-106 所示带轮的三维实体模型

（1）新建一个零件模型，文件名为 xuanzhuan2.prt。

（2）创建旋转特征 1。单击 ✦，打开"旋转"操控板，选取 FRONT 面为草绘平面，RIGHT 面为参照平面，方向为右，进入草绘环境，绘制如图 3-107 所示的旋转截面，旋转角度为 360°，旋转结果如图 3-108 所示。

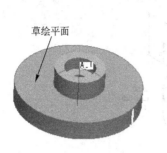

图 3-103 草绘平面

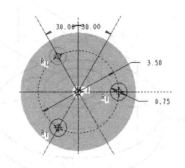

图 3-104 拉伸截面

图 3-105 拉伸结果

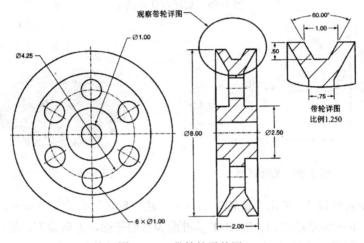

图 3-106 带轮的零件图

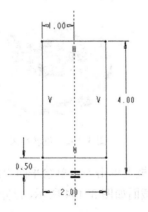

图 3-107 旋转截面

图 3-108 旋转结果

（3）创建切削旋转特征 2。单击 按钮，打开"旋转"操控板，单击 ，在"草绘"对话框中"草绘平面"栏单击"使用先前的"（使用前一次选择的草绘平面作为本次的草绘平面）按钮，系统自动选择与前一次相同的草绘设置而进入草绘环境，绘制如图 3-109 所示的旋转截面（以水平中心线作为旋转轴），旋转角度为 360°，旋转结果如图 3-110 所示。

注意：草绘旋转截面时，若截面上有两条或更多条中心线时，系统自动选择用户绘制的第一条中心线作为旋转轴。用户也可以自己指定任意一条中心线作为旋转轴，其方法是：先选择任意一条中心线（包括第一条），然后在主菜单中选择"草绘"→"特征工具"→"旋转轴"即可，或者直接单击右键，从弹出的快捷菜单中选择"旋转轴"。

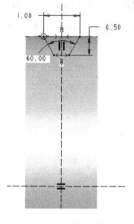 

图 3-109　旋转截面　　　　　　　图 3-110　旋转结果

（4）创建切削旋转特征 3。单击 ⊕，打开"旋转"操控板，单击 ∠，在"草绘"对话框中单击"使用先前的"按钮，进入草绘环境，绘制如图 3-111 所示的旋转截面（以水平中心线作为旋转轴），旋转角度为 360°，旋转结果如图 3-112 所示。

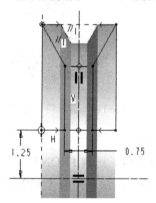 

图 3-111　旋转截面　　　　　　　图 3-112　旋转结果

（5）创建切削拉伸特征。单击 ⊿，在弹出的操控板中单击 ∠，选择 RIGHT 面作为草绘平面，参照平面为 TOP 面，方向为左，进入草绘环境，绘制如图 3-113 所示的拉伸截面，结束草绘，在"拉伸"操控板上打开"选项"面板，将侧 1 和侧 2 的深度都设为 ⟊ (穿透)，结束拉伸特征的创建，结果如图 3-114 所示。

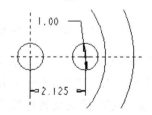 

图 3-113　拉伸截面　　　　　　　图 3-114　拉伸结果

（6）阵列拉伸特征。在导航区的模型树上选取上一步创建的拉伸特征，单击右键，在弹出的右键菜单中选择"阵列"，打开如图 3-115 所示的操控板。在操控板上单击"尺寸"，打开阵列类型下拉菜单，从中选择"轴"，再在绘图区选取基准轴 A_1 作为阵列中心，在操控板中的阵列数量栏中输入数量值 6，在增量栏中输入角度增量值 60，如图 3-116 所示。结束阵列操作，结果如图 3-117 所示。

图 3-115 "阵列"操控板

图 3-116 "阵列"操控板上的设置

实例 3 创建如图 3-118 所示的三维实体模型

图 3-117 阵列结果　　　　　　　　　图 3-118 旋转特征实例 3

（1）新建一个零件模型，文件名为 xuanzhuan3.prt。

（2）创建旋转特征 1。单击 ⚙，打开"旋转"操控板，选取 FRONT 基准面为草绘平面，RIGHT 基准面为参照平面，方向为右，进入草绘环境后，绘制如图 3-119 所示的旋转截面，旋转角度为 360°，旋转结果如图 3-120 所示。

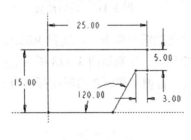

图 3-119 旋转截面　　　　　　　　　图 3-120 旋转结果

（3）创建旋转特征 2。单击 ⚙，打开"旋转"操控板，单击"加厚草绘"工具 ⬜，选取 FRONT 面为草绘平面，RIGHT 面为参照平面，方向为右，进入草绘后，绘制如图 3-121 所示的截面，旋转角度为 360°，加厚厚度为 1，加厚方向指向旋转特征里面，旋转结果如图 3-122 所示。

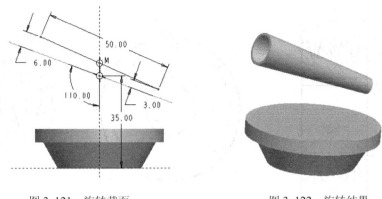

图 3-121　旋转截面　　　　　　　　　　图 3-122　旋转结果

（4）创建拉伸特征。单击 ⬭，打开"拉伸"操控板，选取第一个旋转特征的上表面为草绘平面，RIGHT 面为参照平面，方向为右，进入草绘后，绘制如图 3-123 所示的截面，拉伸深度为 ⎓，然后选择如图 3-124 所示的曲面作为参照。结束拉伸特征的创建,结果如图 3-125 所示。

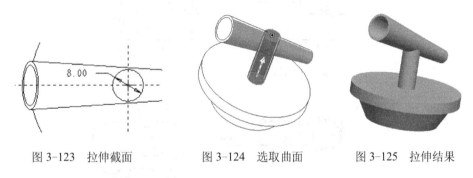

图 3-123　拉伸截面　　　　　图 3-124　选取曲面　　　　　图 3-125　拉伸结果

3.3.4　旋转特征应用练习

（1）创建如图 3-126 所示腰轮零件的三维实体模型。

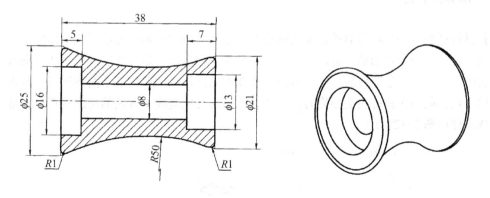

图 3-126　旋转练习 1

（2）创建如图 3-127 所示带轮零件的三维实体模型。

（3）创建如图 3-128 所示望远镜模型零件的三维实体模型。

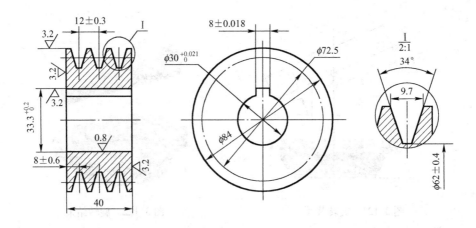

图 3-127　旋转练习 2

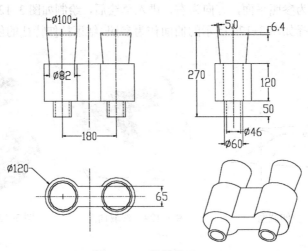

图 3-128　旋转练习 3

3.4　扫描特征

　　扫描特征是将一个截面沿着指定的轨迹从起点运动到终点而生成的形状。扫描特征有两个元素要定义，一个是扫描轨迹，一个是扫描截面。扫描轨迹是一条连续不间断的曲线，可以是封闭的，也可以是开放的。扫描截面一般要求封闭，当创建扫描曲面特征时，截面也可以开放。扫描截面在轨迹线上扫描时，扫描截面始终与轨迹线上各点的切线垂直。扫描特征的生成原理如图 3-129 所示。

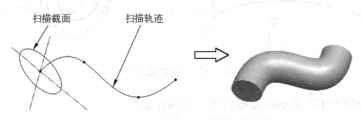

图 3-129　扫描特征生成原理示意图

3.4.1 扫描特征创建的一般步骤与要点

1. 扫描特征创建的一般步骤

（1）在菜单栏选择"插入"→"扫描"→"伸出项"，系统弹出如图 3-130 所示的"伸出项：扫描"对话框，同时还弹出如图 3-131 所示的"扫描轨迹"菜单，其中"草绘轨迹"为在草绘环境中草绘扫描轨迹，"选取轨迹"为选取现有曲线或边作为扫描轨迹。

图 3-130 "伸出项：扫描"对话框

图 3-131 "扫描轨迹"菜单

（2）定义扫描轨迹与扫描截面。

① 在"扫描轨迹"菜单中选择"草绘轨迹"，打开如图 3-132 所示的"设置草绘平面"和"选取"菜单，用来定义一个平面作为草绘平面。

② 选取 TOP 基准面作为草绘平面，系统弹出如图 3-133 所示的"方向"菜单，并在草绘面上用箭头标出草绘方向，如图 3-134 所示。接受默认的草绘方向，单击"确定"按钮，系统弹出如图 3-135 所示的"草绘视图"菜单，用来定义草绘平面的参照平面的方向，在菜单中选择"右"，系统弹出如图 3-136 所示的"设置平面"和"选取"菜单，用来定义草绘平面的参照平面，选取 RIGHT 面作为参照平面，系统进入草绘环境，并以 RIHGT 面向右为参照来确定草绘平面的方位。也可以在图 3-135 所示的菜单中选择"缺省"而直接进入草绘环境，系统以默认的参照和方向来确定草绘平面的方位。

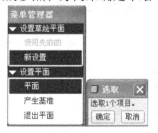

图 3-132 "设置草绘平面"和"选取"菜单

图 3-133 "方向"菜单

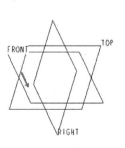

图 3-134 草绘方向

图 3-135 "草绘视图"菜单

③ 进入草绘后，绘制如图 3-137 所示的样条曲线作为扫描轨迹线，箭头的起始端为扫描轨迹的起始点。单击完成图标✔，结束草绘，系统自动进入扫描截面的草绘环境，然后绘制如图 3-138 所示的圆作为扫描截面。

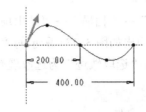

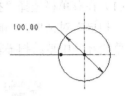

图 3-136 "设置平面"和"选取"菜单　　　图 3-137 扫描轨迹　　　图 3-138 扫描截面

此时，在图形区，按住滚轮（中键）拖动，可以旋转视图。将视图旋转到合适的角度，如图 3-139 所示，可以看到扫描截面与扫描轨迹的关系。系统用两条正交的黄色直线来确定扫描截面的草绘平面（两条黑色线为草绘扫描截面的参照线），该平面在扫描轨迹的起始点处与轨迹线的切线垂直。在工具栏中单击草绘方向工具，草绘平面将恢复到与屏幕平行的草绘状态。

（3）完成扫描截面的绘制后再次结束草绘，系统返回到零件模块。在扫描特征的定义对话框中单击"确定"按钮，完成扫描特征的创建，结果如图 3-140 所示。

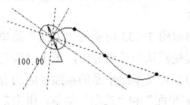

图 3-139 旋转视图

图 3-140 扫描结果

2．扫描特征的创建要点

（1）扫描轨迹不能自身相交。

（2）对于开放的轨迹线，轨迹线上的箭头表示扫描的起始点，起始点必须位于轨迹线的一端，而不能位于轨迹线的中间。要改变起始点，可以点选轨迹线的一个端点，再右击，从弹出的快捷菜单中选择"起始点"，或在菜单栏选择"草绘"→"特征工具"→"起始点"。

（3）相对于扫描截面，扫描轨迹中的弧或样条半径不能太小，否则扫描截面在经过该处时会由于自身相交而出现特征生成失败的情况。

3.4.2　扫描特征应用实例

实例 1　创建如图 3-141 所示六角匙零件的三维实体模型

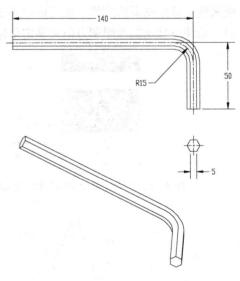

图 3-141 六角匙零件

（1）在菜单栏选择"插入"→"扫描"→"伸出项"，系统弹出"伸出项：扫描"对话框和"扫描轨迹"菜单。

（2）定义扫描轨迹与扫描截面。

① 选择"扫描轨迹"菜单中的"草绘轨迹"，然后选取 TOP 基准面作为草绘平面，在"方向"菜单选择"确定"，在"草绘视图"菜单中选择"缺省"，系统进入草绘环境。

② 绘制如图 3-142 所示的轨迹线，结束草绘，系统自动进入扫描截面的草绘环境。

③ 绘制如图 3-143 所示的扫描截面，结束草绘。

（3）在"伸出项：扫描"对话框中单击"确定"按钮，完成扫描特征的创建，结果如图 3-144 所示。

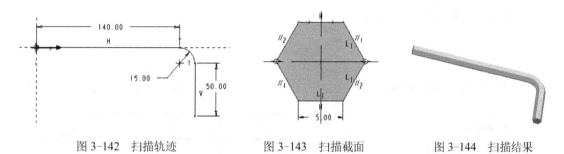

图 3-142　扫描轨迹　　　　　图 3-143　扫描截面　　　　　图 3-144　扫描结果

实例 2　创建如图 3-145 所示方向盘的三维实体模型

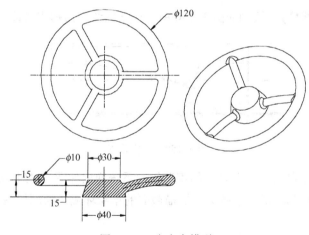

图 3-145　方向盘模型

（1）创建旋转特征。单击 ✦，打开"旋转"操控板，选择 FRONT 基准面为草绘平面，选择 RIGHT 基准面为参考平面，方向为右，进入草绘环境，绘制如图 3-146 所示的旋转截面，旋转角度为 360°，旋转结果如图 3-147 所示。

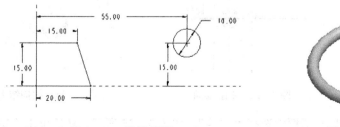
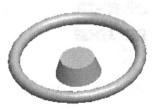

图 3-146　旋转截面　　　　　　　　　　图 3-147　旋转结果

（2）创建扫描特征。

① 在菜单栏选择"插入"→"扫描"→"伸出项"，系统弹出"伸出项：扫描"对话框和"扫描轨迹"菜单。

② 选择"扫描轨迹"菜单中的"草绘轨迹"，接着选取 FRONT 基准面作为草绘平面，在"方向"菜单选择"确定"，在"草绘视图"菜单选择"缺省"，系统进入草绘环境。在菜单栏选择"草绘"→"参照"，系统弹出如图 3-148 所示的"参照"对话框，选取如图 3-149 所示的边与圆弧作为参照，然后在"选取"菜单中选择"确定"，并在"参照"对话框中单击"关闭"按钮，完成参照的选取。

图 3-148 "参照"对话框　　　　　　图 3-149 选择参照

③ 单击样条曲线，绘制如图 3-150 所示样条曲线作为扫描轨迹。

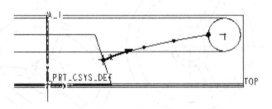

图 3-150 扫描轨迹

④ 完成轨迹的绘制后，单击✔，结束草绘，系统弹出如图 3-151 所示"属性"菜单，选择"自由端点"→"完成"，系统进入扫描截面的草绘环境，绘制如图 3-152 所示的扫描截面。

⑤ 单击✔，再次结束草绘，在"扫描特征"对话框中单击"预览"按钮，结果如图 3-153 所示，可以看到扫描特征两端与已有实体没有完全结合好，如图 3-154 所示。

图 3-151 "属性"菜单　　　图 3-152 扫描截面　　　图 3-153 扫描结果

⑥ 在"伸出项：扫描"对话框中选择"属性"，如图 3-155 所示，然后单击"定义"按

钮，在弹出的"属性"菜单中选择"合并终点"→"完成"，如图 3-156 所示。然后在"伸出项：扫描"对话框中单击"预览"按钮，结果如图 3-156 所示。最后单击"确定"按钮，完成扫描特征的创建。

图 3-154　结合部位　　　图 3-155　"扫描"对话框　　　图 3-156　"属性"菜单

（3）阵列扫描特征。在模型树中单击刚才创建的扫描特征，然后单击右键，在弹出的菜单中选择"阵列"，在弹出的"陈列"操控板上单击"尺寸"，打开阵列类型下拉列表，选择"轴"，再选取绘图区中模型的基准轴 A_1，在操控板中的阵列数量栏中输入 3，在增量栏中输入 120，完成阵列操作，结果如图 3-158 所示。

图 3-157　扫描结果　　　　　图 3-158　陈列结果

（4）创建倒圆角特征。单击"倒圆角"工具 ，系统弹出"倒圆角"操控板，如图 3-159 所示。按住 Ctrl 键，在模型上选取要倒圆角的各条边线，如图 3-160 所示，在操控板中输入圆角半径 3，然后单击 ，完成倒圆角特征的创建，结果如图 3-161 所示。

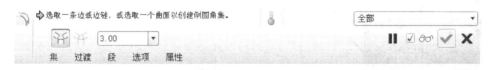

图 3-159　"倒圆角"操控板

图 3-160　选取倒圆角边　　　图 3-161　倒圆角结果

实例 3　创建如图 3-162 所示杯子的三维实体模型

（1）创建旋转特征。单击 ，在弹出的操控板中选择"放置"→"定义"，选择 FRONT

面为草绘平面，RIGHT 面为参考平面，方向为右，进入草绘环境后，绘制如图 3-163 所示的截面草图，旋转角度为 360°，旋转结果如图 3-164 所示。

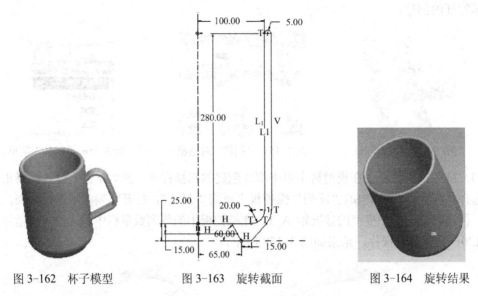

图 3-162　杯子模型　　　　图 3-163　旋转截面　　　　图 3-164　旋转结果

（2）创建扫描特征。

① 在菜单栏选择"插入"→"扫描"→"伸出项"，弹出"伸出项：扫描"对话框和"扫描轨迹"菜单。选择"草绘轨迹"，然后选取 FRONT 基准面作为草绘平面，在"方向"菜单中选择"确定"，在"草绘视图"菜单中选择"缺省"，进入草绘环境，绘制如图 3-165 所示的扫描轨迹。

② 单击✔，结束轨迹线的绘制，系统弹出"属性"菜单，选择"合并终点"→"完成"，系统自动进入扫描截面的草绘环境，绘制如图 3-166 所示的扫描截面。

③ 结束截面的绘制，完成扫描特征的创建，结果如图 3-167 所示。

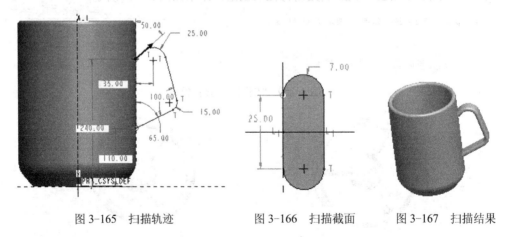

图 3-165　扫描轨迹　　　　图 3-166　扫描截面　　　　图 3-167　扫描结果

3.4.3　扫描特征应用练习

（1）创建如图 3-168 所示手柄零件的三维实体模型。

（2）创建如图 3-169 所示手轮零件的三维实体模型。

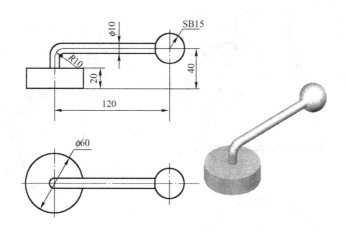

图 3-168　手柄

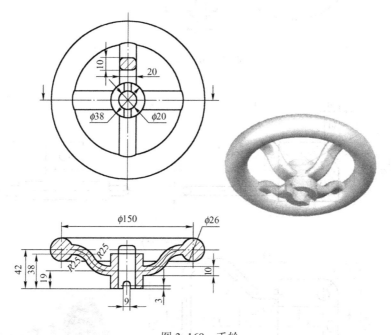

图 3-169　手轮

（3）创建如图 3-170 所示水壶零件的三维实体模型。

（4）创建如图 3-171 所示零件的三维实体模型。

（5）创建如图 3-172 所示连接杆零件的三维实体模型。

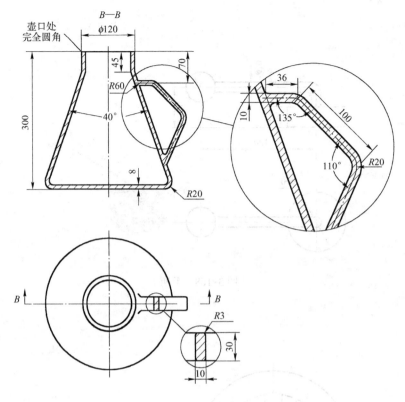

图 3-170 水壶

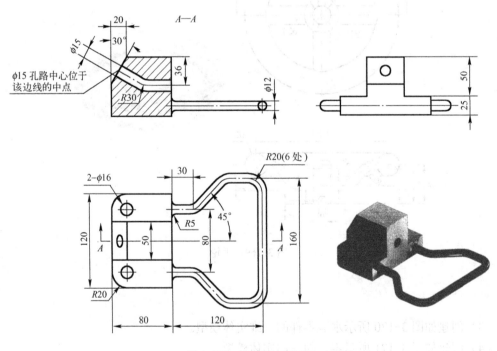

图 3-171 扫描特征练习

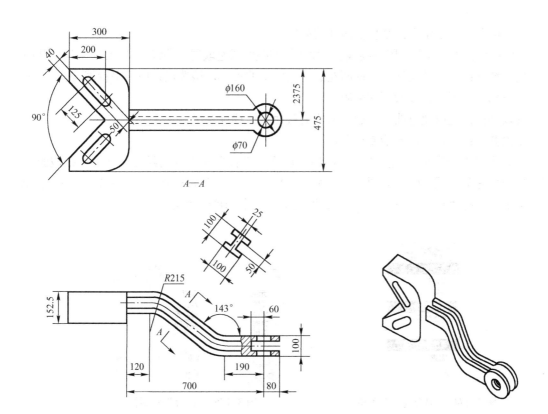

A—A

图 3-172　连接杆

3.5　混合特征

将一组不同的截面沿其边线用过渡曲面连接起来形成一个连续的特征，就是混合（Blend）特征，如图 3-173 所示。混合特征至少需要两个截面。

3.5.1　混合特征创建的一般步骤与要点

1. 混合特征创建的一般步骤

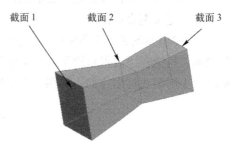

图 3-173　混合特征

下面以如图 3-173 所示的混合特征为例，说明创建混合特征的一般过程：

（1）选择"混合"命令。在菜单栏选择"插入"→"混合"→"伸出项"，弹出如图 3-174 所示的"混合选项"菜单，该菜单分为三个部分，各部分的基本功能介绍如下。

第一部分：用于确定混合类型。

平行：所有混合截面在相互平行的多个平面上。

旋转的：混合截面可绕 Y 轴旋转，最大旋转角度为 120°。每个截面都单独草绘并用截面坐标系对齐。

一般：一般混合截面可以分别绕 X 轴、Y 轴和 Z 轴旋转，也可以沿这三个轴平移。每个截面都单独草绘，并用截面坐标系对齐。

第二部分：用于定义混合特征截面的类型。

规则截面：特征截面使用规则截面，如草绘的截面或选取现有曲线（或边线）来构成截面。

投影截面：特征截面为草绘截面在选定曲面上的投影，该选项只用于平行混合。

第三部分：用于定义截面的来源。

选取截面：选取现有曲线或边线来构成截面，该选项对平行混合无效。

草绘截面：通过草绘器绘制截面。

（2）定义混合类型、截面类型和属性。选择"平行"→"规则截面"→"草绘截面"，然后选择"完成"，系统弹出如图 3-175 所示的"混合"对话框，并弹出如图 3-176 所示的"属性"菜单，选择"直的"→"完成"。属性菜单下两个选项的含义如下。

图 3-174 "混合选项"菜单

图 3-175 "混合"对话框

直的：用直线线段连接各截面的顶点，截面的边用平面连接。

光滑：用光滑曲线连接各截面的顶点，截面的边用样条曲面光滑连接。

（3）定义混合截面。

① 弹出如图 3-177 所示的"设置草绘平面"和"选取"菜单后，选择 TOP 基准面作为草绘面，系统在"设置草绘平面"菜单下方弹出如图 3-178 所示的"方向"菜单，并在 TOP 基准面上用箭头标出方向，如图 3-179 所示。

图 3-176 "属性"菜单

图 3-177 "草绘设置"和"选取"菜单

注意：这里箭头的指向为混合特征生成的方向，而不是草绘视图方向，草绘视图方向刚好与混合特征生成的方向相反。在"方向"菜单中选择"反向"或直接单击箭头，可以切换混合特征生成的方向。

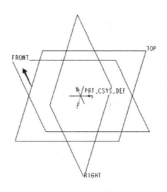

图 3-178 "方向"菜单　　　　　　　图 3-179 TOP 面上的箭头

② 在"方向"菜单中选择"确定",系统在"设置草绘平面"菜单下方弹出如图 3-180 所示的"草绘视图"菜单。该菜单用来确定进入草绘环境后草绘面的摆放方位。在该菜单中选择"右",系统在"草绘视图"菜单下方弹出如图 3-181 所示的"设置平面"和"选取"菜单,在图形区选择 RIGHT 面,系统就以 RIGHT 面向右来定位草绘面的摆放方位而进入草绘环境。也可以在图 3-180 所示的"草绘视图"菜单中选择"缺省",系统自动选择参照面来确定草绘面的摆放方位并进入草绘环境。

图 3-180 "草绘视图"菜单　　　　　　图 3-181 "设置平面"和"选取"菜单

③ 在草绘环境绘制如图 3-182 所示的第一个混合截面。

④ 在绘图区空白处单击一点(其目的是退出图形对象的选取状态),然后单击右键,从弹出的快捷菜单中选择"切换剖面"(或选择下拉菜单"草绘"→"特征工具"→"切换剖面"),然后绘制第二个混合特征截面,如图 3-183 所示。

⑤ 按上述同样的方法切换剖面,绘制第三个混合截面,如图 3-184 所示。如果还有混合截面,可以继续切换剖面,以绘制下一个截面,直至绘制完最后一个截面,单击✔,结束草绘模式,完成截面的定义。

(4) 输入截面间的距离。在弹出的"消息输入窗口"对话框中输入截面 2 的深度 60,如图 3-185 所示,单击☑ (或按回车键),在提示"输入截面 3 的深度"时输入 50,单击☑。

(5) 在"混合"对话框中单击"预览"按钮,结果如图 3-186 所示。在"混合"对话框中选择"属性"→"定义",在弹出的"属性"菜单中选择"光滑"→"完成",再次单击"预览"按钮,结果如图 3-187 所示。在"混合"对话框中单击"确定"按钮,完成混合特征的创建。

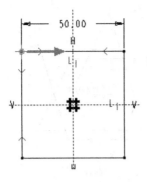

图 3-182 第一个混合截面

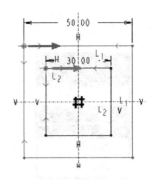

图 3-183 第二个混合截面

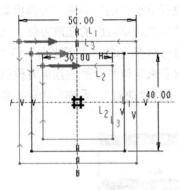

图 3-184 第三个混合截面

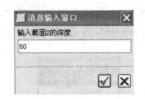

图 3-185 消息输入窗口

图 3-186 直的混合

图 3-187 光滑混合

2. 混合特征创建要点

（1）混合特征的各个截面的起始点要求方位一致。当各个混合截面的起始点方位不一致时，如图 3-188 所示，会造成如图 3-189 所示的扭曲形状。要改变起始点，可以点选截面的另一个顶点，再右击，从弹出的快捷菜单中选择"起始点"或在菜单栏选择"草绘"→"特征工具"→"起始点"。点选起始点，再右击，从弹出的快捷菜单中选择"起始点"，可以改变起始点的方向。

（2）混合特征各个截面的图元数（或顶点数）必须相同（当截面为一个单独的点时，不受此限制）。如当一个四方形截面与一个圆形截面混合时，要将圆分割成四段，如图 3-190 所示。混合结果如图 3-191 所示。

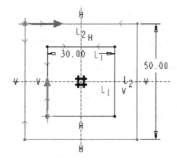

图 3-188　混合截面

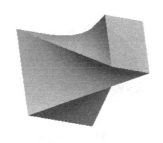

图 3-189　混合结果

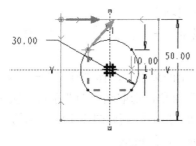

图 3-190　混合截面

图 3-191　混合结果

3.5.2　混合特征的应用实例

实例 1　创建如图 3-192 所示零件的三维实体模型

（1）创建拉伸特征。单击 ，选择 FRONT 平面为草绘平面，进入草绘环境后，绘制如图 3-193 所示的拉伸截面，结束草绘，选择拉伸深度类型为 ，深度值为 150，拉伸结果如图 3-194 所示。

图 3-192　混合特征应用实例 1

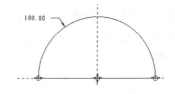

图 3-193　拉伸截面

（2）创建扫描特征。

① 在菜单栏选择"插入"→"扫描"→"伸出项"，选择"扫描轨迹"菜单中的"草绘轨迹"，选取 FRONT 基准面作为草绘面；在"方向"菜单中选择"确定"，在"草绘视图"菜单中选择"缺省"，系统进入草绘环境。绘制如图 3-195 所示的轨迹线，然后结束草绘，完成轨迹线的绘制。

② 在弹出的"属性"菜单中选择"合并终点"→"完成"，系统进入扫描截面的草绘环境，绘制如图 3-196 所示的扫描截面，结束草绘。

③ 单击"扫描"对话框中的"确定"按钮，扫描结果如图 3-197 所示。

图 3-194　拉伸结果

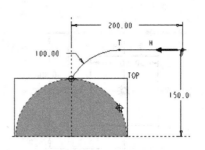

图 3-195　扫描轨迹

（3）创建混合特征。

① 在菜单栏选择"插入"→"混合"→"伸出项"。

② 在弹出的菜单中选择"平行"→"规则截面"→"草绘截面"→"完成"。在"属性"菜单中选择"直的"→"完成"。

③ 选择扫描特征的端面作为草绘平面，在弹出的菜单中选择"确定"→"缺省"，系统进入草绘环境，并弹出"参照"对话框和"选取"菜单，选取端面的四条边（实际是四个侧面）作为草绘参照，在对话框中单击"关闭"按钮。然后绘制如图 3-198 所示的混合截面 1。然后，切换剖面，绘制如图 3-199 所示的混合截面 2，结束草绘。

图 3-196　扫描截面　　　　　图 3-197　扫描结果　　　　　图 3-198　混合截面 1

④ 然后弹出如图 3-200 所示的"深度"菜单，选择"盲孔"→"完成"，在弹出的"输入截面 2 的深度"窗口中输入 60，回车，在"混合"对话框中单击"确定"按钮，混合结果如图 3-201 所示。

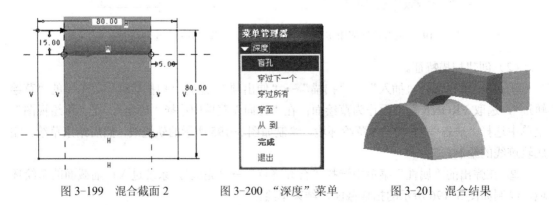

图 3-199　混合截面 2　　　　　图 3-200　"深度"菜单　　　　　图 3-201　混合结果

实例2 创建如图3-202所示五角星的三维实体模型

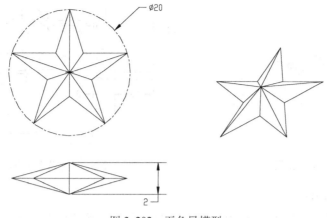

图3-202 五角星模型

（1）在菜单栏选择"插入"→"混合"→"伸出项"，在弹出的菜单中选择"平行"→"规则截面"→"草绘截面"→"完成"。在"属性"菜单中选择"直的"→"完成"。

（2）选择 TOP 面作为草绘平面，在弹出的菜单中选择"正向"→"缺省"。进入草绘环境后，绘制1个点作为第一个混合截面，如图3-203所示。

（3）单击右键，在弹出的快捷菜单中选择"切换剖面"，绘制一个直径为20的圆及其内接正五边形，然后将其转化为构建线，如图3-204所示，将正五边形的对角顶点两两相连，如图3-205所示，然后将多余线段剪切掉，得到混合截面2，如图3-206所示。

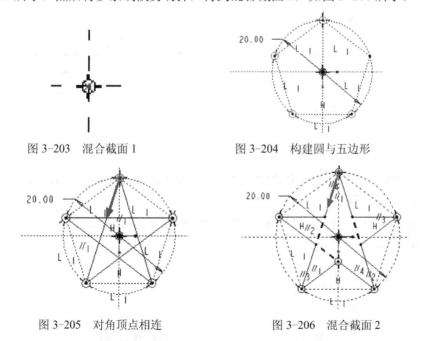

图3-203 混合截面1　　　　图3-204 构建圆与五边形

图3-205 对角顶点相连　　　图3-206 混合截面2

（4）再次选择"切换剖面"，绘制一个与第一个混合截面重合的点作为第三个混合截面，结束草绘。

（5）在提示"输入截面2的深度"时输入1，回车，然后输入截面3的深度1，回车。

（6）在"混合"对话框中单击"确定"按钮，完成混合特征的创建，结果如图3-207所示。

实例 3 创建如图 3-208 所示的一字螺丝刀的三维实体模型

图 3-207 混合结果

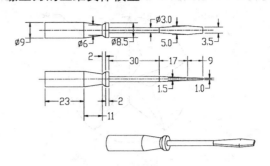

图 3-208 一字螺丝刀模型

（1）创建混合特征 1。

① 在菜单栏选择"插入"→"混合"→"伸出项"，在弹出的菜单中选择"平行"→"规则截面"→"草绘截面"→"完成"。在"属性"菜单中选择"直的"→"完成"。

② 选择 TOP 面作为草绘平面，在弹出的菜单中选择"正向"→"缺省"，进入草绘环境，绘制一个直径为 9 的圆作为混合特征的截面 1，如图 3-209 所示。

③ 单击右键，从弹出的快捷菜单中选择"切换剖面"，再次绘制一个直径为 9 的圆作为截面 2。

④ 再次选择"切换剖面"，绘制直径为 6 的圆作为截面 3，如图 3-210 所示。

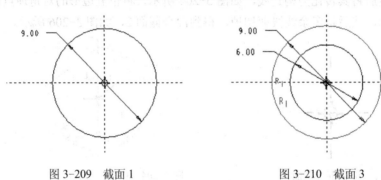

图 3-209 截面 1   图 3-210 截面 3

⑤ 依次选择"切换剖面"，分别绘制两个直径为 8.5 的圆作为截面 4、截面 5，结果如图 3-211 所示。结束草绘。

⑥ 在弹出的"消息输入窗口"对话框中依次输入各截面的深度 23、11、2、2。混合结果如图 3-212 所示。

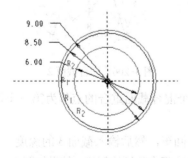

图 3-211 截面 5   图 3-212 混合结果

（2）创建混合特征 2。

① 在菜单栏选择"插入"→"混合"→"伸出项"，在弹出的菜单中选择"平行"→"规则截面"→"草绘截面"→"完成"。在"属性"菜单中选择"直的"→"完成"。

② 选择图 3-212 所示特征的右端面作为草绘平面，在弹出的菜单中选择"正向"→"缺省"，进入草绘环境。绘制一个直径为 3 的圆，并用分割命令 ↲ 将其分割成四段，如图 3-213 所示。

③ 切换剖面，绘制截面 2，其图形与截面 1 完全相同。

④ 依次切换剖面，绘制截面 3，如图 3-214 所示，绘制截面 4 如图 3-215 所示。

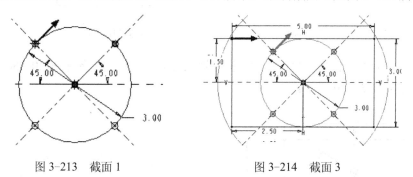

图 3-213　截面 1　　　　　　　　　　图 3-214　截面 3

⑤ 结束草绘，在弹出的"深度"菜单中选择"盲孔"→"完成"。在"消息输入窗口"对话框中依次输入各截面的深度 30、17、9。完成混合特征的创建，混合结果如图 3-216 所示。

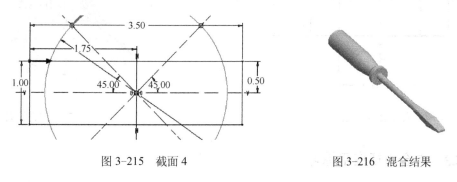

图 3-215　截面 4　　　　　　　　图 3-216　混合结果

实例 4　创建如图 3-217 所示的三维实体模型

（1）在菜单栏选择"插入"→"混合"→"伸出项"。

（2）在弹出的菜单中选择"平行"→"规则截面"→"草绘截面"→"完成"。

（3）在"属性"菜单中选择"直的"→"完成"。

（4）选择 TOP 平面作为草绘平面，在弹出的菜单中选择"正向"→"缺省"，进入草绘环境，绘制混合截面 1，如图 3-218 所示。

（5）选择三角形的一个顶点，然后右击，从弹出的快捷菜单中选择"混合顶点"。

注意：由于截面 1 只有 3 个顶点，而后面绘制的截面 2 有 4 个顶点，需要将截面 1 的顶点数增加到 4 个，本操作就是使三角形中的一个顶点当两个点用，也可理解为该顶点与截面 2 中的两个顶点混合。

（6）切换剖面，绘制截面 2，如图 3-219 所示。结束草绘。

图 3-217　混合特征应用实例 4

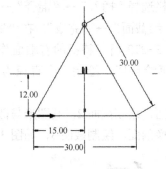

图 3-218　截面 1

（7）在弹出的"消息输入窗口"对话框中输入截面 2 与截面 1 的距离 40，完成混合特征的创建，结果如图 3-220 所示。

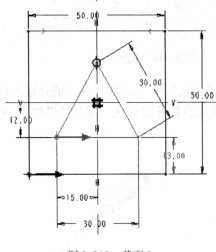

图 3-219　截面 2

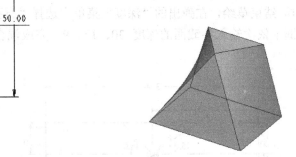

图 3-220　混合结果

3.5.3　混合特征应用练习

（1）练习 1：创建如图 3-221 所示扁铲零件的三维实体模型。（提示：在"混合选项"菜单上选择混合类型为"旋转的"，将 20×0.1 的混合截面绕 Y 轴旋转 90°。）

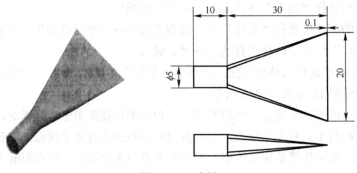

图 3-221　扁铲

（2）练习 2：创建如图 3-222 所示杯子零件的三维实体模型。

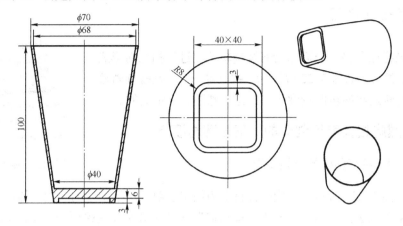

图 3-222　杯子

（3）练习 3：创建如图 3-223 所示零件的三维实体模型。

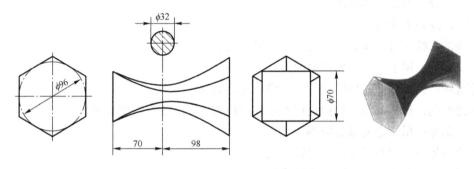

图 3-223　混合特征练习

（4）练习 4：创建如图 3-224 所示花瓶零件的三维实体模型。

注：花瓶各截面图形均根据最大截面
进行适当比例缩放生成，缩放系
数读者可自行设定。

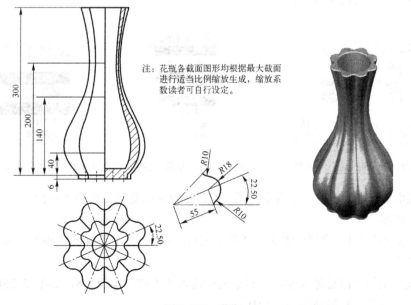

图 3-224　花瓶

3.6 螺旋扫描特征

螺旋扫描特征是将一个截面沿着螺旋轨迹线进行扫描而形成的，用于创建弹簧（如图 3-225 所示）、螺纹等形状。其螺旋轨迹线是通过螺旋轨迹线的转向轮廓线和节距（螺距）来定义的。

图 3-225 螺旋扫描特征

3.6.1 螺旋扫描特征创建的一般步骤与要点

1. 螺旋扫描特征创建的一般步骤

下面以如图 3-225 所示的螺旋扫描特征为例来说明该特征创建的一般步骤。

（1）在菜单栏选择"插入"→"螺旋扫描"→"伸出项"，系统弹出如图 3-226 所示的"螺旋扫描"对话框和如图 3-227 所示的"属性"菜单，该菜单可分为三个部分，现对各部分的含义说明如下。

第一部分：用于定义螺距。

常数：螺距为常数。

可变的：螺距是可变的，并可由一个图形来定义。

第二部分：用于定义扫描截面的方向。

穿过轴：扫描截面在扫描过程中始终与旋转轴共面。

轨迹法向：扫描截面在扫描过程中始终与扫描轨迹线各点的切线垂直。

第三部分：用于定义螺旋定则。

右手定则：使用右手定则定义螺旋轨迹。

左手定则：使用左手定则定义螺旋轨迹。

（2）在"属性"菜单中选择"常数"→"穿过轴"→"右手定则"→"完成"，弹出如图 3-228 所示的"设置草绘平面"菜单。

图 3-226 "螺旋扫描"对话框

图 3-227 "属性"菜单

图 3-228 "设置草绘平面"菜单

（3）选取 FRONT 基准面作为草绘面，然后在弹出的菜单中选择"正向"→"缺省"，系统进入草绘环境。

（4）在草绘环境中，绘制如图 3-229 所示的轨迹线（实际上是螺旋轨迹线的转向轮廓线），然后结束草绘。

（5）在弹出的"消息输入窗口"对话框中输入节距值（螺距）8，如图 3-230 所示，回车后，系统自动进入扫描截面的草绘环境。

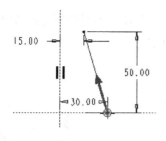

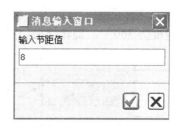

图 3-229 扫描轨迹　　　　　　　图 3-230 "消息输入窗口"对话框

（6）绘制如图 3-231 所示的扫描截面，然后单击工具栏中的 ✔，结束草绘。

（7）单击"螺旋扫描"对话框中的"确定"按钮，完成螺旋扫描特征的创建，结果如图 3-232 所示。

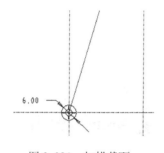

图 3-231 扫描截面　　　　　　　图 3-232 螺旋扫描结果

2. 螺旋扫描特征创建的要点

（1）螺旋扫描特征的螺旋轨迹线的转向轮廓线必须是一条开放的曲线链。

（2）在绘制轨迹的转向轮廓线时，必须绘制一条中心线作为旋转轴。

3.6.2 螺旋扫描特征应用实例

创建如图 3-233 所示的六角螺栓的三维实体模型。

（1）创建拉伸特征。单击 🗗，以 TOP 基准面为草绘平面，绘制如图 3-234 所示的拉伸截面。拉伸长度为 7，拉伸结果如图 3-235 所示。

图 3-233 六角螺栓

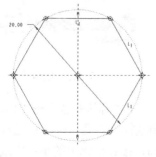

图 3-234 拉伸截面　　　　　　　图 3-235 拉伸结果

（2）创建旋转特征。单击 ⬥，在"旋转"操控板上单击 ⟋。选择 RIGHT 基准面为草绘平面，TOP 基准面为参照面，方向为"顶"，进入草绘环境。然后绘制如图 3-236 所示的旋转截面，旋转角度为 360°，旋转结果如图 3-237 所示。

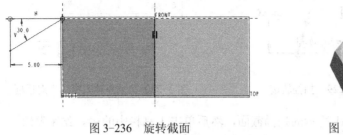

图 3-236 旋转截面 图 3-237 旋转结果

（3）创建拉伸特征 2。以螺栓头部下端面为草绘平面绘制如图 3-238 所示的拉伸截面，拉伸长度为 40，结果如图 3-239 所示。

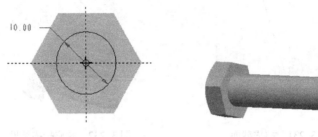

图 3-238 拉伸截面 图 3-239 拉伸结果

（4）创建倒角特征。在工具栏单击 ，打开"倒角"操控板，输入倒角距离为 2，如图 3-240 所示。选择如图 3-241 所示的边线，在"倒角"操控板上单击 ，完成倒角特征的创建，结果如图 3-242 所示。

图 3-240 "倒角"操控板

图 3-241 选择倒角边线 图 3-242 倒角结果

（5）创建螺旋扫描特征。在菜单栏中选择"插入"→"螺旋扫描"→"切口"，打开"螺旋扫描"对话框和"属性"菜单。在"属性"菜单中选择"常数"→"穿过轴"→"右手定则"→"完成"。选择 FRONT 基准平面作为草绘平面，接着在弹出的菜单中选择"正向"→"缺省"，进入草绘模式，绘制如图 3-243 所示的转向轮廓线，然后结束草绘，进入截面草绘环境，绘制如图 3-244 所示的扫描截面。再次结束草绘，输入节距 1.5。在弹出的"方向"菜单中，选择"正向"。结束螺旋扫描特征的创建，结果如图 3-245 所示。

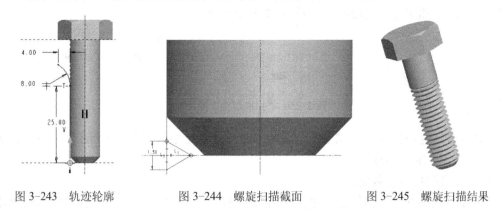

图 3-243　轨迹轮廓　　　　图 3-244　螺旋扫描截面　　　　图 3-245　螺旋扫描结果

3.7　扫描混合特征

扫描混合特征综合了扫描特征和混合特征两者的功能，可以用轨迹线和一组截面来控制特征的形状。

3.7.1　扫描混合特征创建的一般步骤与要点

1．扫描混合特征创建的一般步骤

（1）创建草绘曲线。单击草绘工具 ，打开"草绘"对话框，选择 FRONT 面为草绘平面，接受对话框中其他项的默认设置，单击"草绘"按钮，进入草绘环境。绘制如图 3-246 所示草绘截面。单击右侧工具栏中的 ✔，结束草绘，结果如图 3-247 所示。

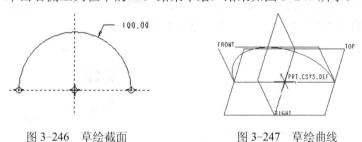

图 3-246　草绘截面　　　　　　　　图 3-247　草绘曲线

（2）创建基准点。单击基准点工具 ，打开"基准点"对话框，按住 Ctrl 键，在图形区选择草绘曲线和 RIGHT 面，结果如图 3-248 所示。在"基准点"对话框中单击"确定"按钮，结果如图 3-249 所示。

图 3-248　"基准点"对话框

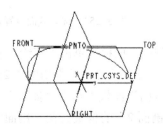

图 3-249　创建的基准点

（3）选择"扫描混合"命令。在菜单栏中选择"插入"→"扫描混合"，打开"扫描混合"操控板，在操控板上单击▢，结果如图 3-250 所示。

图 3-250　"扫描混合"操控板

（4）选择扫描混合轨迹。在图形区选取草绘曲线，结果如图 3-251 所示。其中有箭头的一端为扫描混合的起始点。

（5）定义扫描混合截面。

① 在"扫描混合"操控板上单击"剖面"，打开"剖面"面板，"截面位置"收集器已被激活，如图 3-252 所示。

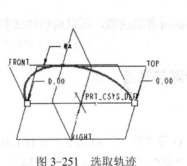

图 3-251　选取轨迹

图 3-252　"剖面"面板

② 在图形区单击轨迹线的起始点，如图 3-253 所示，该点即为"剖面 1"的位置。此时，"剖面"面板上的"草绘"按钮已被激活，如图 3-254 所示。

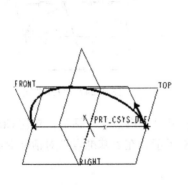

图 3-253　选取截面位置点

图 3-254　"剖面"面板

③ 在"剖面"面板上单击"草绘"按钮，系统进入草绘环境。绘制如图 3-255 所示的扫描混合截面。结束草绘，结果如图 3-256 所示。

④ 在"剖面"面板上单击"插入"按钮，以增加扫描混合截面。在图形区选取基准点 PNT0 作为"剖面 2"的位置。在"剖面"面板上再次单击"草绘"按钮，进入草绘环境，绘制如图 3-257 所示的草绘截面。结束草绘，结果如图 3-258 所示。

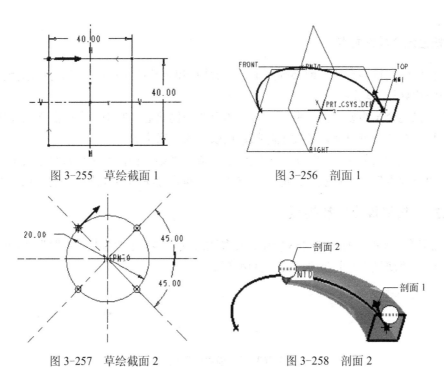

图 3-255　草绘截面 1

图 3-256　剖面 1

图 3-257　草绘截面 2

图 3-258　剖面 2

⑤ 在"剖面"面板上再次单击"插入"按钮，然后在图形区选择轨迹线的另一端点（终点）作为"剖面 3"的位置。单击"草绘"按钮，进入草绘环境，绘制如图 3-259 所示的草绘截面。结束草绘，结果如图 3-260 所示。此时，"剖面"面板如图 3-261 所示。

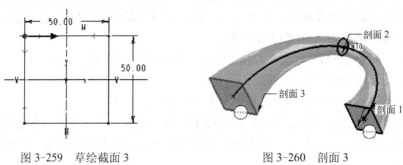

图 3-259　草绘截面 3

图 3-260　剖面 3

（6）完成扫描混合特征的创建。在"扫描混合"操控板上单击 ✓，结果如图 3-262 所示。

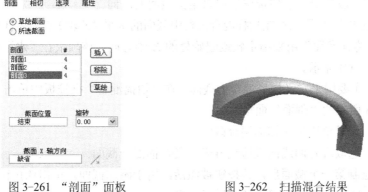

图 3-261　"剖面"面板

图 3-262　扫描混合结果

2．扫描混合操作要点

（1）在创建扫描混合特征前必须先定义用做扫描混合轨迹的曲线，也可以选择已有实体棱边或曲面边界作为轨迹。

（2）扫描混合至少要有两个截面。对于闭合的扫描轨迹，其中一个截面必须在轨迹线起始点处，另一个截面可以在轨迹线上除起始点以外的任意位置。

（3）所有截面必须包含相同的图元数或顶点数。当某一截面的顶点数少于其他截面时，需要用"混合顶点"命令增加该截面的顶点数，其操作方法同混合特征中的"相同"命令。

3.7.2 "扫描混合"操控板

"扫描混合"操控板如图 3-263 所示，其参数选项较多，主要包括"参照"、"剖面"、"相切"、"选项"、"属性" 5 个选项，其主要功能如下。

图 3-263　"扫描混合"操控板

（1）参照：主要用来选择扫描混合轨迹以及设置截面控制。在"扫描混合"操控板中单击"参照"项，弹出"参照"面板，选择轨迹线后，"参照"面板如图 3-264 所示。

"轨迹"收集器用来选择扫描混合的轨迹，其轨迹最多可以选择两条。一条为必需的原点轨迹，一条为可选的次要轨迹。N 表示法向轨迹，扫描混合截面与法向轨迹垂直。X 表示 X 轨迹，扫描混合截面的 X 轴指向 X 轨迹。

"剖面控制"栏用于指定截面在扫描时截面的定向方式。其列表中有 3 个选项，分别是垂直于轨迹、垂直于投影和恒定法向。

垂直于轨迹：截面在整个扫描过程中都垂直于指定的轨迹。

垂直于投影：截面沿投影方向与轨迹的投影垂直，截面的垂直方向与指定的方向一致。当选择该项时，在"垂直于投影"下方会出现激活的"方向参照"收集器，以便选取参照来定义投影方向。

恒定法向：截面恒定垂直于指定方向。当选择该项时，在"恒定方向"下方也会出现激活的"方向参照"收集器，以便选取参照来定义截面的法向。

"水平/垂直控制"栏用来控制扫描混合过程中截面的水平（X 轴）或垂直（Y 轴）的方向。

"起点的 X 方向参照"用来指定轨迹起始处的 X 轴方向。该项仅在"水平/垂直控制"栏设置为"自动"时才显示。

（2）剖面：主要用来定义扫描混合的截面。在"扫描混合"操控板中单击"剖面"选项，弹出如图 3-265 所示的"剖面"面板。

草绘截面：通过草绘定义扫描混合截面。

所选截面：选取现有曲线链或边线链来定义扫描混合截面。

插入：在绘制第一个截面后，该按钮被激活，用于添加截面。单击该按钮，在"剖面"表中新增一行，同时"截面位置"处于激活状态。

图 3-264 "参照"面板　　　　　　　　图 3-265 "剖面"面板

移除：单击该按钮，可删除活动截面。

草绘：单击该按钮，进入草绘模式，对活动截面进行绘制或编辑。

截面位置：选择轨迹的端点、顶点或基准点来确定插入截面的位置。

旋转：将截面的草绘平面旋转一定角度，旋转角度在正、负 120° 之间。

截面 X 轴方向：设置活动截面的水平方向。该选项仅在"参照"面板中"水平/垂直控制"栏设置为"自动"时才显示。

（3）相切：用来为"开始截面"和"终止截面"设置其与相连图元的连接关系。连接关系（条件）为"自由"或者"相切"。

（4）选项：用来启用特定设置选项。在"扫描混合"操控板中单击"选项"，弹出如图 3-266 所示的"选项"面板，现对各选项的功能说明如下。

封闭端点：此选项仅适用于创建扫描混合曲面，用来设置扫描混合曲面的两端是否封闭。

无混合控制：不对扫描混合进行控制。

设置周长控制：定义的扫描混合截面之间的周长呈线性变化。

设置剖面区域控制：控制指定位置的截面面积。选择该选项，图 3-266 "选项"面板

将新增指定剖面位置和面积列表，在轨迹上确定控制截面面积的截面位置后，在列表的"面积"列中输入面积的值即可。

（5）属性：用来查看和修改特征的名称。

3.7.3　扫描混合特征应用实例

（1）创建草绘曲线 1。单击"草绘基准曲线"工具 ，弹出"草绘"对话框，选择 FRONT 基准平面为草绘平面，接受程序默认设置，然后单击"草绘"按钮，进入草绘模式，绘制如图 3-267 所示的曲线，结束草绘。

（2）创建草绘曲线 2。再次单击 ，弹出"草绘"对话框，单击"使用先前的"按钮，进入草绘，绘制如图 3-268 所示的曲线，然后结束草绘。

（3）创建扫描混合特征。

① 在菜单栏选择"插入"→"扫描混合"，弹出"扫描混合"操控板，在操控板中单击 。在工作窗口中选择曲线 1 作为扫描混合的原点轨迹，按住 Ctrl 键，在工作窗口中选择曲线 2 作为第二轨迹，如图 3-269 所示。其中有箭头的一端为扫描混合的起始点。

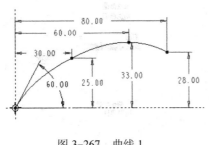

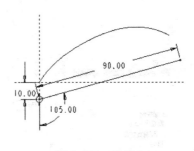

图 3-267 曲线 1   图 3-268 曲线 2

② 在"扫描混合"操控板中单击"参照"，在弹出的"参照"面板中，勾选轨迹列表中"次要的"轨迹右侧的"N"复选框，如图 3-270 所示。

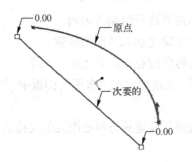

图 3-269 选择轨迹线   图 3-270 "参照"面板

③ 在图形区空白处单击右键，在弹出的快捷菜单中选择"截面位置"，选择原点轨迹的起始点。继续在工作窗口空白处单击右键，在弹出的快捷菜单中选择"草绘"，进入草绘模式，绘制如图 3-271 所示的草绘截面，结束草绘，完成截面 1 的绘制。

④ 在图形区空白处单击鼠标右键，在快捷菜单中选择"插入截面"，在图形区选择原点轨迹的终点作为截面所在位置。单击右键，在弹出的快捷菜单中选择"草绘"，进入草绘模式，绘制一个长轴为 7 短轴为 4 的椭圆，并分割为 4 段，如图 3-272 所示。结束草绘，完成截面 2 的绘制。

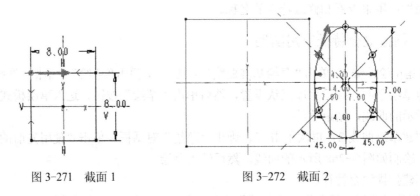

图 3-271 截面 1   图 3-272 截面 2

⑤ 在"扫描混合"操控板中单击 ☑ ∞（预览），结果如图 3-273 所示。在操控板上单击 ▶（继续），退出预览状态。在操控板中单击"参照"，勾选"原点"右侧的"N"复项框，如图 3-274 所示。单击 ☑，结束扫描混合特征的创建，结果如图 3-275 所示。

图 3-273　截面垂直于次要轨迹　　图 3-274　设置垂直于原点轨迹　　图 3-275　截面垂直于原点轨迹

3.8　可变截面扫描特征

可变截面扫描是扫描截面沿一条或多条轨迹扫描而形成的，在扫描过程中，可以控制截面的方向和大小。

3.8.1　可变截面扫描特征创建的一般步骤与要点

1. 可变截面扫描特征创建的一般步骤

（1）创建草绘曲线。单击草绘工具 ，打开"草绘"对话框，以 FRONT 面为草绘平面，绘制如图 3-276 所示草绘截面。结束草绘，结果如图 3-277 所示。

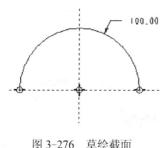

图 3-276　草绘截面

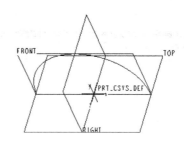

图 3-277　草绘曲线

（2）选择可变截面扫描命令。在菜单栏中选择"插入"→"可变截面扫描"，或者直接在工具栏中单击 （可变截面扫描），打开"可变截面扫描"操控板，在操控板上单击□（实体），结果如图 3-278 所示。

图 3-278　"可变截面扫描"操控板

（3）选择可变截面扫描轨迹。在图形区选取草绘曲线，结果如图 3-279 所示。

（4）草绘可变截面扫描截面。在"可变截面扫描"操控板上单击 ，系统进入草绘环境。绘制一个任意直径的圆，如图 3-280 所示。

（5）建立关系式，通过关系式来控制截面在扫描过程中的变化。

① 在草绘环境的菜单栏中选择"工具"→"关系"，打开"关系"对话框。此时，圆

的直径值用代号 sd3 来表示，如图 3-281 所示。

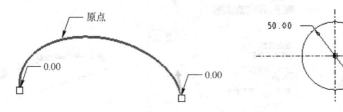

图 3-279　选取轨迹　　　　　　　图 3-280　草绘截面

② 在"关系"对话框中输入关系式 sd3=50*（0.5＋0.5*trajpar），如图 3-282 所示。其中 trajpar 是一个从 0 变化到 1 的参数。从此关系式可知 sd3 的数值从 25 变化到 50，也就是说，扫描时，截面的直径从起点的 25 变化到终点的 50。

③ 在"关系"对话框中单击"确定"按钮，完成关系式的创建。

④ 结束草绘，完成截面的定义。

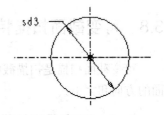

图 3-281　用代号表示圆的直径

（6）完成可变截面扫描特征的创建。在"可变截面扫描"操控板上单击 ✔，完成可变截面扫描特征的创建，结果如图 3-283 所示。

图 3-282　"关系"对话框

图 3-283　可变截面扫描结果

2．可变截面扫描特征操作要点

（1）创建可变截面扫描之前，必须先绘制好用于扫描的轨迹，也可以选择实体棱边或曲面边界作为扫描轨迹。

（2）要使截面受扫描轨迹控制，必须将截面与扫描轨迹建立约束关系。

（3）在一个可变截面扫描特征中，只能有一条 X 轨迹和一条法向轨迹。

3.8.2　"可变截面扫描"操控板

在菜单栏中选择"插入"→"可变截面扫描"，打开如图 3-284 所示的"可变截面扫描"操控板。该操控板上有参照、选项、相切和属性 4 个面板，下面介绍这 4 个面板的功能。

图 3-284 "可变截面扫描"操控板

（1）参照：用来选择可变截面扫描特征的轨迹以及设置截面控制。在"可变截面扫描"操控板中单击"参照"，打开"参照"面板。在选择轨迹之后，相关设置项处于激活状态，用做对截面方向进行控制，如图 3-285 所示。

① "轨迹"收集器：用于选择用做轨迹的曲线、实体棱边或曲面边界。在可变截面扫描特征中，有以下 4 种类型的轨迹。

图 3-285 "参照"面板

原点轨迹：原点轨迹是可变截面扫描必须有的轨迹。截面原点（十字叉）总是位于原点轨迹线上。

法向轨迹：勾选轨迹列表右侧的"N"复选框，该轨迹即为法向轨迹。扫描截面与法向轨迹垂直。程序默认原点轨迹为法向轨迹。

X 轨迹：勾选轨迹列表右侧的"X"复选框，该轨迹即为 X 轨迹。草绘截面的 X 轴指向 X 轨迹。

相切轨迹：如果轨迹中存在至少一个相切曲线，可在轨迹列表中勾选"T"复选框，该轨迹即为相切轨迹。

② 剖面控制：用于确定截面扫描时的定向方式。总共有垂直于轨迹、垂直于投影、恒定法向三种定向方式。

垂直于轨迹：截面在整个扫描过程中都垂直于指定的轨迹。

垂直于投影：截面沿投影方向与轨迹的投影垂直，截面的垂直方向与指定方向一致。必须指定参照。

恒定法向：截面恒定垂直于指定方向。

③ 水平/垂直控制：控制扫描过程中截面的水平（X 轴）或垂直（Y 轴）方向。其控制方式有三种，分别是垂直于曲线、X 轨迹和自动。

垂直于曲面：截面的垂直方向与曲面垂直。当原始轨迹中有相关的曲面时，此方式为程序默认的控制选项。使用这种控制方式时，单击"参照"面板右侧的"下一个"按钮，可以改变到另一个垂直曲面。

X 轨迹：截面的 X 轴通过 X 轨迹和扫描截面的交点。

自动：程序自动确定截面的 X 方向。

（2）选项：用来设定截面的类型以及草绘位置等项目。在"可变截面扫描"操控板中单击"选项"，弹出如图 3-286 所示的"选项"面板。现对面板上各项的功能说明如下。

图 3-286 "选项"面板

可变剖面（截面）：扫描截面在扫描过程中，随约束它的扫描轨迹而变化，与草绘截面有约束关系的轨迹控制着扫描特征的形状。也可以应用关系式来控制截面在扫描过程中的形状变化。

恒定剖面（截面）：在扫描过程中，不管扫描截面是否受到辅助轨迹的约束，其形状都保持不变，仅截面的方向发生改变。

封闭端点：此项仅适用于创建可变截面扫描曲面，用来设置可变截面扫描曲面的两端是否封闭。

合并端：在扫描端点与已有实体合并成一体。仅当创建可变截面扫描实体，扫描截面类型为"恒定剖面"和"单条平面轨迹"时，该选项才会显示。

草绘放置点：指定草绘截面在原点轨迹上的位置。草绘截面的位置不影响特征起始位置，若不选择"草绘放置点"，程序默认扫描起始点为草绘截面位置。

（3）相切：设置轨迹的相切来控制扫描特征在该轨迹处与相邻几何的连接关系。在"可变截面扫描"操控板中单击"相切"，弹出如图 3-287 所示的"相切"下面板，用做设置相切轨迹及其控制曲面。"参照"列表框中可能的选项有：无、第 1 侧、第 2 侧和选取的。

无：禁用相切轨迹。

第 1 侧：扫描截面包含与轨迹第 1 侧曲面相切的中心线。

第 2 侧：扫描截面包含与轨迹第 2 侧曲面相切的中心线。

选取的：手动为扫描截面中相切中心线指定曲面。

（4）属性：用于查看和修改特征的名称。

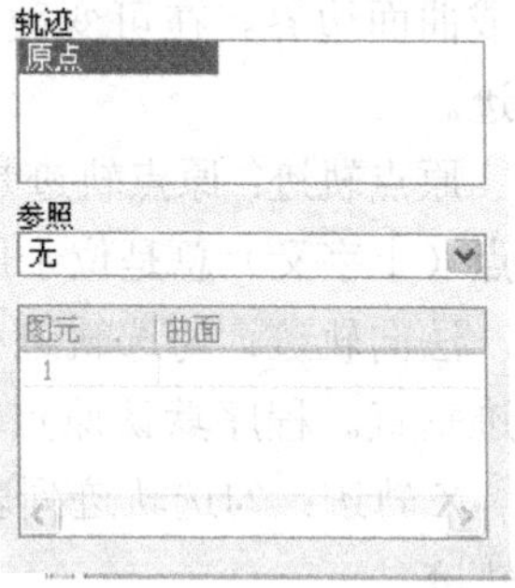

3.8.3　可变截面扫描特征应用实例

图 3-287　"相切"面板

（1）草绘曲线 1。单击草绘工具 ，打开"草绘"对话框，选择 FRONT 面为草绘平面，接受程序默认的其他各项设置，单击"草绘"按钮，进入草绘模式。绘制如图 3-288 所示的草绘曲线。结束草绘，完成曲线 1 的绘制。

（2）草绘曲线 2。再次单击 ，在"草绘"对话框中单击"使用先前的"按钮，进入草绘模式，绘制如图 3-289 所示直线。结束草绘，完成曲线 2 的绘制。

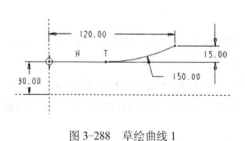

图 3-288　草绘曲线 1 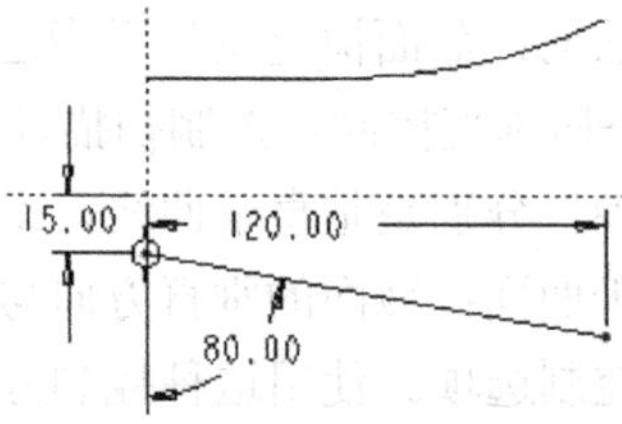　　　　　　　　图 3-289　草绘曲线 2

（3）草绘曲线 3。单击 ，选择 TOP 基准平面为草绘平面，绘制如图 3-290 所示曲线，完成草绘曲线 3 的创建。

（4）创建可变截面扫描特征。

① 在工具栏中单击 ，弹出"可变截面扫描"操控板。在图形区选择曲线 3（系统以选择的第一条曲线作为原始轨迹），然后按住 Ctrl 键，分别选择曲线 2 和曲线 1（后面选择的曲线作为辅助轨迹），如图 3-291 所示。

② 在"可变截面扫描"操控板中单击"参照"，弹出"参照"面板，单击打开"剖面控

制"下面的下拉列表,从中选择"垂直于投影"。"参照"下滑面板新增"方向参照"栏并处于激活状态,选择 FRONT 基准面为方向参照,如图 3-292 所示。

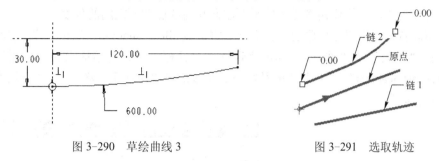

图 3-290 草绘曲线 3　　　　　　　　　图 3-291 选取轨迹

③ 在"可变截面扫描"操控板中单击 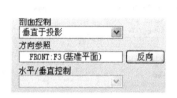（草绘），进入草绘模式。绘制如图 3-293 所示的草绘截面,结束草绘。

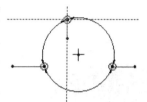

图 3-292 "参照"下滑面板　　　　　　　图 3-293 扫描截面

④在"可变截面扫描"操控板中单击 ☑ 6σ（预览）,结果如图 3-294 所示。在操控板上单击 ▶,退出预览。然后单击 □,再次单击 ☑ 6σ,结果如图 3-295 所示。单击 ▶,退出预览,在操控板上单击 □,在薄板厚度文本框中输入 2,如图 3-296 所示。然后单击 ☑,完成可变截面扫描特征的创建,如图 3-297 所示。

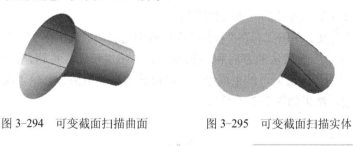

图 3-294 可变截面扫描曲面　　　　　图 3-295 可变截面扫描实体

图 3-296 "可变截面扫描"操控板

3.9　唇特征

3.9.1　唇特征简述

唇特征是通过沿着所选边偏移匹配曲面来构建的特征,所选边必须是连续的轮廓,它既可以是开放的也可以是闭合

图 3-297 可变截面扫描薄板

的。唇特征可以很方便地用来构建零件装配部位的止口，如图 3-298 所示。

唇特征的控制参数包括唇的高度、宽度和拔模角度。唇的方向（偏移的方向）是由参照平面的法向确定的，而拔模角度是参照平面法向和唇的侧曲面之间的角度。

要使用唇特征，需要在程序的配置文件中将参数 allow_anatomic_features 设置为 yes。在菜单栏选择"工具"→"选项"，弹出"选项"对话框。在该对话框中的"选项"栏输入"allow_anatomic_features"，并将其值设置为"yes"，如图 3-299 所示。然后单击"添加/更改"→"确定"按钮即可。

图 3-298　带止口的零件　　　　　　　　图 3-299　选项对话框

3.9.2　唇特征应用实例

创建如图 3-298 所示零件的三维实体模型。

（1）创建拉伸特征。单击 ，在"拉伸"操控板中选择"放置"→"定义"，选择 FRONT 基准面为草绘平面，接受默认的方向和参照设置，单击"草绘"按钮，进入草绘环境，绘制如图 3-300 所示的拉伸截面，结束草绘。选取拉伸深度类型为 ，输入深度值为 200，结束拉伸特征的创建，结果如图 3-301 所示。

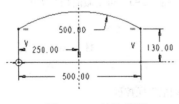

图 3-300　拉伸截面　　　　　　　　　　图 3-301　拉伸结果

（2）创建倒圆角特征。单击 ，弹出"倒圆角"操控板，按住 Ctrl 键，在模型上选取要倒圆角的边线，如图 3-302 所示。在操控板中输入圆角半径 20，完成圆角特征的创建，结果如图 3-303 所示。

（3）创建壳特征。单击 （抽壳），弹出"壳"操控板，如图 3-304 所示。选取如图 3-305 所示的圆弧面作为移除曲面，在操控板的"厚度"文本框中输入壳的厚度值 15，单击 ，完成壳特征的创建，结果如图 3-306 所示。

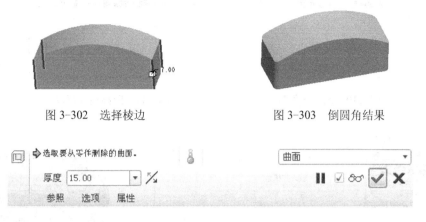

图 3-302　选择棱边　　　　　　　　　　图 3-303　倒圆角结果

图 3-304　"壳"操控板

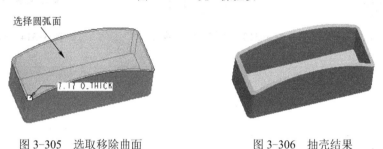

图 3-305　选取移除曲面　　　　　　　　图 3-306　抽壳结果

（4）创建唇特征。

① 在菜单中选择"插入"→"高级"→"唇"，弹出"边选取"菜单，在菜单中选取"链"，如图 3-307 所示。在模型上选取如图 3-308 所示的边链。接着在"边选取"菜单中选择"完成"。

② 在系统提示 ⇨选取要偏移的曲面(与加亮的边相邻). 后，选择如图 3-309 所示的曲面。

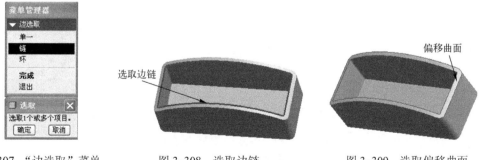

图 3-307　"边选取"菜单　　　图 3-308　选取边链　　　图 3-309　选取偏移曲面

③ 在系统弹出的"消息输入窗口"对话框中输入偏距值 5，如图 3-310 所示，回车后，输入从边到拔模曲面的距离 7，如图 3-311 所示，回车。

④ 系统提示选取拔模参照曲面并弹出如图 3-312 所示"设置平面"菜单，选取 TOP 基准面作为拔模参照曲面，输入拔模角度 5，如图 3-313 所示，回车，完成唇特征的创建，结果如图 3-314 所示。

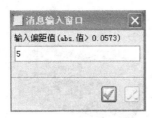

图 3-310　偏距输入窗口

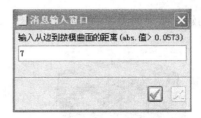

图 3-311　距离输入窗口

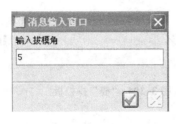

图 3-312　"设置平面"菜单　　　图 3-313　拔模角输入窗口　　　图 3-314　唇特征

第4章 工 程 特 征

工程特征也称为构建特征，这类特征不能单独存在，只能创建在其他特征上，这类特征包括倒圆角特征、自动倒圆角特征、倒角特征、筋特征、孔特征、壳特征和拔模特征等。

4.1 倒圆角特征

倒圆角特征可为零件的一个或数个边创造圆弧面。

在菜单栏选择"插入"→"倒圆角"，或者单击工具栏上的 ⌒ （倒圆角），打开如图4-1所示的"倒圆角"操控板，在模型中选择要倒圆角的边线，然后在操控板的文本框中输入倒圆角半径值，在操控板上单击✔，就可以完成倒圆角特征的创建。

图4-1 "倒圆角"操控板

4.2 自动倒圆角特征

自动倒圆角命令能够快速完成零件倒圆角，不需要逐一选取各个倒圆角的边，而是按照指定的条件和范围进行自动倒圆角。在菜单栏选择"插入"→"自动倒圆角"，可打开如图4-2所示的"自动倒圆角"操控板。

图4-2 "自动倒圆角"操控板

4.3 倒角特征

1. 边倒角特征

在菜单栏选择"插入"→"倒角"→"边倒角"，或者单击工具栏上的 ⌒ （边倒角），打开如图4-3所示的"边倒角"操控板，选择需要倒角的边线，然后输入倒角的距离，就可完成边倒角特征的创建。

图4-3 "边倒角"操控板

2．拐角倒角特征

（1）在菜单栏选择"插入"→"倒角"→"拐角倒角"，系统弹出如图 4-4 所示的"倒角（拐角）"对话框。

（2）在实体上选择需要倒角的一条边后，系统弹出如图 4-5 所示的菜单。

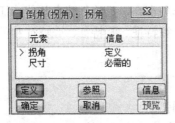

图 4-4　"倒角（拐角）"对话框　　　　图 4-5　"选出/输入"菜单

（3）单击"输入"，系统弹出如图 4-6 所示的文本输入框，输入倒角尺寸 10，回车，完成倒角值的输入。

（4）使用同样的方法分别选取另外两条边，并分别输入倒角尺寸 8 和 5。

（5）单击"倒角（拐角）"对话框中的"确定"按钮，完成倒角（拐角）的创建，结果如图 4-7 所示。

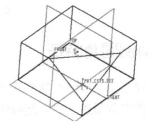

图 4-6　文本输入框　　　　　　　图 4-7　倒角（拐角）结果

4.4　筋特征

筋特征是设计中连接实体表面的薄翼或薄板，通常用来加强零件的强度和刚度。

1．轨迹筋特征

轨迹筋是将草绘的轨迹向两侧拉伸生成筋的厚度，然后沿与草绘平面垂直的方向拉伸至与模型相交而生成的筋特征。创建轨迹筋特征的操作步骤如下：

（1）在菜单栏选择"插入"→"筋"→"轨迹筋"，或者单击工具栏上的▱（轨迹筋），系统打开如图 4-8 所示的"轨迹筋"操控板。

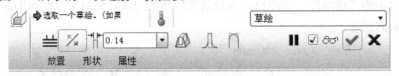

图 4-8　"轨迹筋"操控板

（2）单击操控板中的"放置"，打开如图 4-9 所示的"放置"面板，单击"定义"按钮，系统弹出如图 4-10 所示的"草绘"对话框，选择如图 4-11 所示的平面作为草绘平面，在"草绘"对话框中单击"草绘"按钮，进入草绘环境。

（3）绘制轨迹筋的轨迹线，如图 4-12 所示，然后结束草绘。

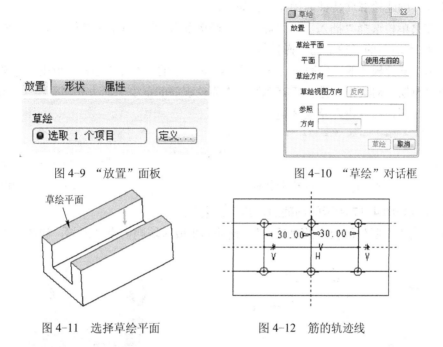

图 4-9 "放置"面板　　　　　　　　图 4-10 "草绘"对话框

图 4-11 选择草绘平面　　　　　　图 4-12 筋的轨迹线

注意：轨迹筋的轨迹可以相互交叉。

（4）单击操控板上的 ✗，改变筋的方向，使筋与模型相交。

（5）在筋的厚度文本框中输入筋的厚度，如 5。

（6）单击操控板上的 ⬙（添加拔模），在"形状"面板中设置拔模角度为 3。单击操控板上的 ⬛（在底部边上添加倒圆角），在"形状"面板中设置底部边倒圆角的半径为 2。单击操控板上的 ⬛（在暴露边上添加倒圆角），在"形状"面板中设置顶部倒圆角的半径为 1。结果如图 4-13 所示。

（7）结束筋特征的创建，结果如图 4-14 所示。

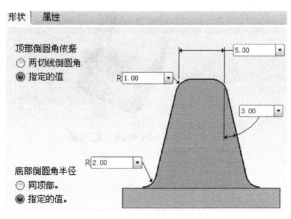

图 4-13 "形状"面板　　　　　　　图 4-14 生成的轨迹筋

2．轮廓筋特征

轮廓筋是沿着与草绘平面垂直的方向拉伸生成筋的厚度，再使草绘轮廓与模型相交而生成的筋特征。创建轮廓筋特征的操作步骤如下：

（1）在菜单栏选择"插入"→"筋"→"轮廓筋"，或者单击工具栏上的 ▱（轮廓筋），打开如图 4-15 所示的"轮廓筋"操控板。

（2）单击操控板中的"参照"，打开如图 4-16 所示的"参照"面板，单击"定义"按钮，系统弹出"草绘"对话框，选择 FRONT 面作为轮廓筋的草绘平面，在"草绘"对话框中单击"草绘"按钮，系统进入草绘环境。

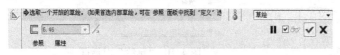

图 4-15　"轮廓筋"操控板　　　　　　　　　　图 4-16　参照面板

（3）绘制如图 4-17 所示的筋截面，然后结束草绘。

（4）单击"参照"面板中的"反向"，使筋的生成区域朝向模型内部，如图 4-18 所示。

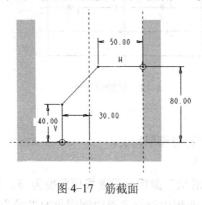
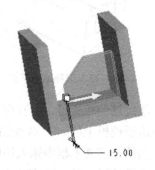

图 4-17　筋截面　　　　　　　　　　　　　　图 4-18　筋的生成区域

（5）在操控板中筋的厚度文本框中输入筋的厚度 15，单击其后的方向切换按钮（在第 1 侧、第 2 侧和两侧对称之间切换），更改轮廓筋的厚度生成方向，如图 4-19 所示。

（6）结束轮廓筋特征的创建，结果如图 4-20 所示。

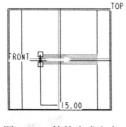

图 4-19　筋的生成方向　　　　　　　　　　图 4-20　轮廓筋

4.5　孔特征

孔特征是机械零件中常见的一种特征。在 Pro/E 中可用"孔"工具向模型中添加简单孔、定制孔和工业标准螺纹孔。不过，模型上的螺纹孔显示出来的仍然是光孔，其螺纹不会显示出来，但可以通过创建修饰特征来表示螺纹。

4.5.1 "孔"操控板

在菜单栏选择"插入"→"孔"，或单击工具栏上的 ⊤（孔），打开如图 4-21 所示的"孔"操控板。

图 4-21 "孔"操控板

（1）"放置"面板。单击"孔"操控板上的"放置"，打开如图 4-22 所示的"放置"面板。

"放置"列表框：用于显示孔的放置平面，孔的轴线与放置平面垂直。单击"反向"按钮可改变孔的方向。

"类型"下拉列表：用于定义孔轴线的定位方式，有线性、径向和直径 3 种。

"偏移参照"列表框：用于定义孔的定位参照和定位尺寸。

（2）"形状"面板。单击"形状"，打开如图 4-23 所示的"形状"面板，该面板用来显示孔的形状及尺寸，并可设定孔的生成方式，以及修改孔的尺寸。根据创建的孔的类型不同，面板中的内容也不尽相同。

图 4-22 "放置"面板

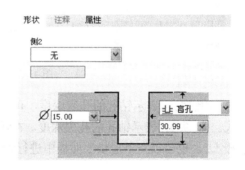

图 4-23 "形状"面板

（3）"注释"面板。该面板仅在创建标准孔时才被激活，用于显示标准孔的信息。

（4）"属性"面板。该面板用于定义孔的名称。

4.5.2 简单孔

1. 矩形孔

其创建的一般过程如下：

（1）单击 ⊤，打开"孔"操控板，接受默认的设置。

（2）在图形中选择顶面作为孔的放置平面，如图 4-24 所示。

（3）分别拖动图形中的两定位手柄到两参照曲面，分别双击图形中定位尺寸数值，并分别输入定位尺寸 30 和 20，结果如图 4-25 所示。或者单击激活"放置"面板中的"偏移参照"列表框，然后选择定位参照，并更改相应的定位尺寸。

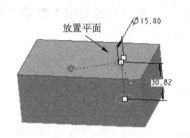

图 4-24　选取孔的放置平面

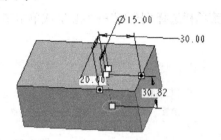

图 4-25　选取孔的定位参照

（4）在直径文本框中输入孔的直径 16，或者在"形状"面板中更改相应的直径数值。

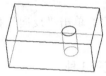

（5）在"孔"操控板上输入矩形孔深度 30，或者在"形状"面板中输入矩形孔深度。

（6）结束孔特征的创建。结果如图 4-26 所示。

图 4-26　孔特征

2. 钻孔

单击"孔"操控板上的 ∪（钻孔），结果如图 4-27 所示。现对操控板上的一些按钮的功能简单介绍如下。

图 4-27　"孔"操控板

∪（孔肩）：表示钻孔的孔肩深度，可在"形状"面板中设置参数，如图 4-28 所示。

∪（孔尖）：表示钻孔的孔尖深度。在操控板上单击 ∪ 右边的 ▼，打开下拉列表，从中可选择 ∪，也可以在"形状"面板中进行设置，如图 4-29 所示。

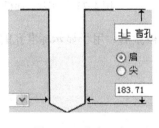

图 4-28　孔肩深度

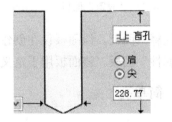

图 4-29　孔尖深度

Ⅱ（埋头孔）：在创建的孔上增加埋头孔，可在"形状"面板中设置孔的各项参数，如图 4-30 所示。

（沉头孔）：在创建的孔上增加沉头孔，其"形状"面板如图 4-31 所示。

埋头孔、沉头孔可以单独增加到孔上，也可以同时增加两种类型，如图 4-32 所示。

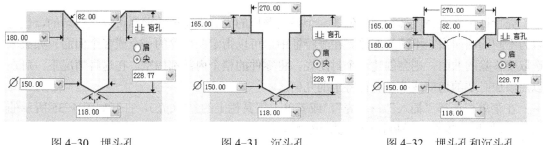

图 4-30　埋头孔　　　　　　图 4-31　沉头孔　　　　　　图 4-32　埋头孔和沉头孔

3. 草绘孔

在"孔"操控板上选择 ▧（用草绘定义孔，其原理同旋转特征基本相同），操控板如图 4-33 所示。🖝（打开）用于打开现有的草绘文件作为孔的截面。▨（草绘）指通过草绘器定义孔截面。同旋转特征的截面一样，孔的草绘截面必须有中心线作为旋转轴，孔的草绘截面必须封闭，且必须在旋转轴的同一侧。

图 4-33　"草绘孔"操控板

4.5.3　标准孔（螺纹孔）

单击"孔"操控板上的 ▨（标准孔），结果如图 4-34 所示，可以创建螺纹孔。标准孔的尺寸可直接从螺钉尺寸列表中选取，用户只需指定孔的放置平面、定位参照和定位尺寸即可。

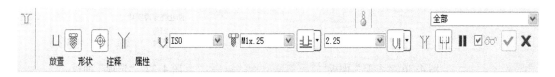

图 4-34　"标准孔"操控板

下面对"标准孔"操控板上各按钮的功能做简单介绍。

⊕：在钻孔上添加攻丝。

Ⴤ：用于创建锥形螺纹孔。

Ⴑ：螺纹系列，在其右边的下拉列表中可以选择螺纹类型，如 ISO、UNC 和 UNF 等。

▨：螺钉尺寸，可在其右边的下拉列表中选择螺钉尺寸，如 M10×1.5。

注释：用于指定在模型上是否添加注解。

4.6 壳特征

壳特征可将实体内部掏空，创建一个指定壁厚的壳。壳特征的壁厚可以是均匀的，也可以为不同的曲面指定不同的壁厚。在壳特征中，可以指定要移除的一个或多个曲面。如果未选取要移除的曲面，则会创建一个封闭壳，将零件的整个内部都掏空。在这种情况下，可在以后添加必要的切口或孔来获得特定的几何。

在菜单栏选择"插入"→"壳"，或者单击工具栏上的 ▣（壳），打开如图 4-35 所示的"壳"操控板。现介绍操控板的主要功能如下。

图 4-35 "壳"操控板

（1）操控板上"厚度"后面的文本框用于输入壳的厚度，即壳的壁厚。

（2）操控板上的 ⁒ 用于更改壳厚度生成的方向。

（3）单击操控板上的"参照"，可以打开"参照"面板。其中，

移除的曲面：用于选取需要移除的一个或多个曲面。

非缺省厚度：用于选取一个或多个曲面，这些曲面的壁厚可以与壳的壁厚不同，在这些曲面的后面可以直接输入壁厚值，如图 4-36 所示。

（4）单击"选项"，可打开如图 4-37 所示的"选项"选项卡。

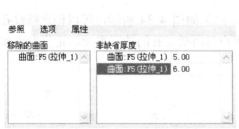

图 4-36 "参照"面板　　　　　　　　图 4-37 "选项"面板

（5）"属性"选项卡用于定义壳特征的名称。

4.7 拔模特征

当产品用模具成型时，为了方便脱模，往往会在产品侧面添加拔模斜度。

在菜单栏选择"插入"→"斜度"，或者单击工具栏上的 ◿（拔模工具），打开如图 4-38 所示的"拔模"操控板。

（1）"参照"面板如图 4-39 所示。其中：

图 4-38 "拔模"操控板

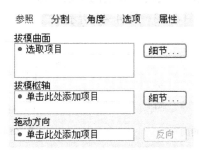

图 4-39 "参照"面板

拔模曲面：指模型上需要进行拔模的一个或多个曲面。

拔模枢轴：指拔模曲面围绕其旋转的直线或曲线。该项通常选取平面，当选取平面时，则该平面与拔模曲面的交线作为拔模枢轴。

拖动方向：指度量拔模角度的方向。当拔模枢轴选取的是平面时，系统会自动选取该平面作为拖动方向。也可以自己选取平面、直边、基准轴等来确定拖动方向。

定义了拔模曲面、拔模枢轴和拖动方向以后，"拔模"操控板变成如图 4-40 所示。

图 4-40 "拔模"操控板

角度文本框：用于输入拔模角度。如果拔模曲面被分割，则可为分割后的每个部分指定各自的拔模角度。拔模角度必须在-30°～30°范围内。

（2）"分割"面板如图 4-41 所示，用于定义拔模曲面是否分割以及怎样分割。拔模曲面可以分割成两部分，每部分的拔模角度可以不一样。

① 分割选项如图 4-42 所示，现对各选项介绍如下。

图 4-41 "分割"面板   图 4-42 分割选项

不分割：不分割拔模曲面，整个拔模曲面绕拔模枢轴旋转。

根据拔模枢轴分割：沿拔模枢轴将拔模曲面分割成两部分。

根据分割对象分割：使用草绘图形分割拔模曲面。如果草绘平面不在拔模曲面上，系统会以垂直于草绘平面的方向将草绘图形（一般为封闭曲线链）投影到拔模曲面上，以得到的投影线来分割拔模曲面。

② 分割对象：只有在"分割选项"为"根据分割对象分割"时，该选项才被激活。可通过单击其后的"定义"按钮来定义用于分割的草绘图形。

拔模特征的生成示意图如图4-43～图4-46所示。

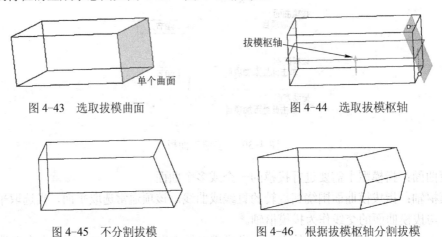

图4-43　选取拔模曲面　　　　　　　　图4-44　选取拔模枢轴

图4-45　不分割拔模　　　　　　图4-46　根据拔模枢轴分割拔模

4.8　工程特征综合应用实例

实例1　创建如图4-47所示零件的三维实体模型

（1）新建一个零件模型，文件名为gctz1.PRT。

（2）创建实体拉伸特征1。打开"拉伸"操控板，选择TOP面为草绘平面，接受默认设置，进入草绘，绘制如图4-48所示的拉伸截面，拉伸深度为60，拉伸结果如图4-49所示。

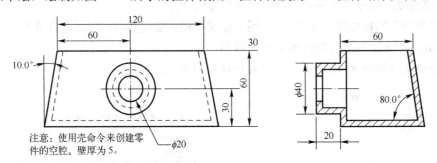

图4-47　工程特征应用实例1

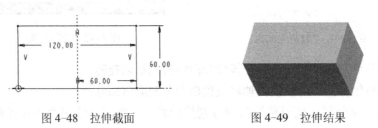

图4-48　拉伸截面　　　　　　图4-49　拉伸结果

（3）创建拔模特征。

① 打开"拔模"操控板，如图 4-50 所示。

② 选择如图 4-51 所示的三个面为拔模曲面。

③ 激活"参照"面板中"拔模枢轴"下面的收集器，或者在绘图区空白处单击右键，打开右键菜单，如图 4-52 所示，选择"拔模枢轴"，然后选择拉伸实体的顶面作为拔模枢轴，采用默认的拖动方向。

图 4-50 "拔模"操控板

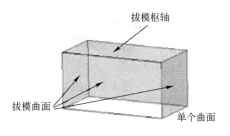

图 4-51 选取拔模曲面

图 4-52 右键菜单

④ 在操控板上输入拔模角度 10。

⑤ 结束拔模特征的创建，结果如图 4-53 所示。

（4）创建拉伸实体特征 2。打开"拉伸"操控板，以实体中未拔模的侧面作为草绘平面，如图 4-54 所示。以实体的底面作为参照平面，方向为"底"，进入草绘，绘制如图 4-55 所示的拉伸截面。拉伸深度为 20，拉伸结果如图 4-56 所示。

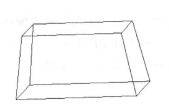

图 4-53 拔模结果

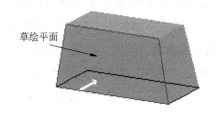

图 4-54 选择草绘平面

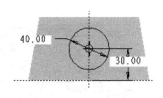

图 4-55 拉伸截面

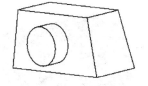

图 4-56 拉伸结果

（5）创建壳特征。

① 打开"壳"操控板，如图 4-57 所示。

图 4-57　"壳"操控板

② 选择如图 4-58 所示的顶面作为移除表面。

③ 输入壳的厚度 5。

④ 结束壳特征的创建，结果如图 4-59 所示。

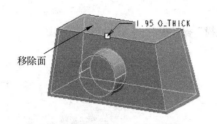

图 4-58　选取移除表面

图 4-59　抽壳结果

（6）创建孔特征。

① 打开"孔"操控板，如图 4-60 所示。

图 4-60　"孔"操控板

② 选择如图 4-61 所示的面作为孔的放置平面。

③ 在"放置"面板中"类型"后面的下拉列表中选择"径向"，然后将"偏移参照"后面的收集器激活，按住 Ctrl 键，选择凸台的中心轴 A_1 轴和 RIGHT 面作为偏移参照，如图 4-62 所示，然后在"放置"面板中将半径改为 0，角度任意，如图 4-63 所示。

④ 完成孔特征的创建，结果如图 4-64 所示。

实例 2　创建如图 4-65 所示的三维实体模型

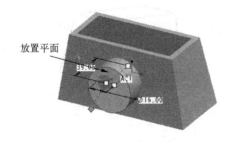

图 4-61　选取孔的放置平面

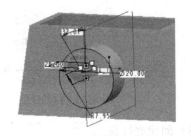

图 4-62　选取偏移参照

图 4-63 "放置"面板

图 4-64 孔特征

图 4-65 工程特征应用实例 2

（1）新建一个零件模型，文件名为 gctz2.PRT。

（2）创建拉伸特征 1。打开"拉伸"操控板，选择 FRONT 面作为草绘平面，接受默认的设置，进入草绘，绘制如图 4-66 所示的拉伸截面，拉伸深度为 100，拉伸结果如图 4-67 所示。

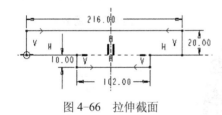

图 4-66 拉伸截面

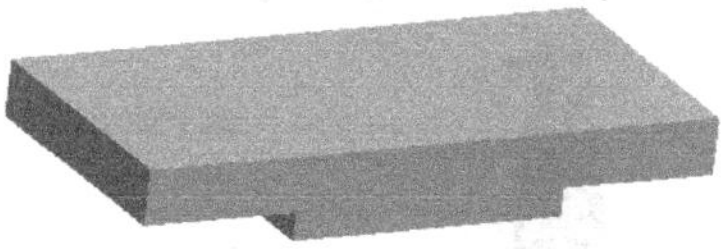

图 4-67 拉伸结果

（3）创建拉伸特征 2。再次打开"拉伸"操控板，在选择草绘平面时，在"草绘"对话框单击"使用先前的"按钮，进入草绘，绘制如图 4-68 所示的拉伸截面，拉伸长度为 20，拉伸结果如图 4-69 所示。

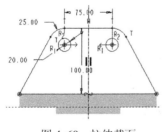

图 4-68 拉伸截面

图 4-69 拉伸结果

（4）创建筋特征。

① 打开"轮廓筋"操控板，如图 4-70 所示。

② 在操控板中单击"参照"，打开如图 4-71 所示的"参照"面板，单击"定义"按钮，弹出"草绘"对话框，如图 4-72 所示，选取 RIGHT 基准面为草绘平面，TOP 基准面为参照平面，方向为"顶"，单击对话框中的"草绘"按钮，进入草绘环境。

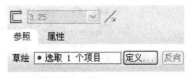

图 4-70 "轮廓筋"操控板   图 4-71 "参照"面板

③ 绘制如图 4-73 所示的特征截面，结束草绘，结果如图 4-74 所示。

④ 单击图 4-74 中的箭头，或在"参照"面板中单击"反向"按钮，结果如图 4-75 所示。

⑤ 在操控板中输入筋的厚度 20，完成筋特征的创建，结果如图 4-76 所示。

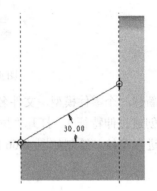

图 4-72 "草绘"对话框   图 4-73 筋截面

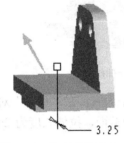

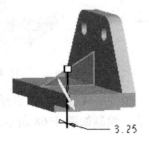

图 4-74 结束草绘以后   图 4-75 反向以后   图 4-76 筋特征

（5）创建倒圆角特征。

① 打开"倒圆角"操控板。

② 按住 Ctrl 键，选择如图 4-77 所示的边线。

③ 在操控板上输入圆角半径 30。

④ 完成倒圆角特征的创建，结果如图 4-78 所示。

图 4-77 选取倒圆角的边线   图 4-78 倒圆角结果

（6）创建孔特征1。

① 打开"孔"操控板，然后单击 ∪，如图4-79所示。

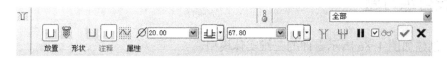

图4-79 "孔"操控板

② 选择如图4-80所示的面作为放置平面，打开"放置"面板，激活"偏移参照"下面的收集器，选择如图4-81所示的两个面作为偏移参照，在"放置"面板上将孔与两个面的偏移值都改为30，如图4-82所示。

③ 在"孔"操控板上，单击 ￥￥（沉孔），然后打开"形状"面板，各项参数设置如图4-83所示。

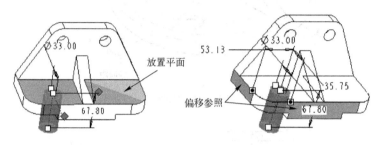

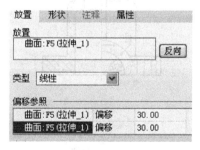

图4-80 选取放置平面

图4-81 选取偏移参照

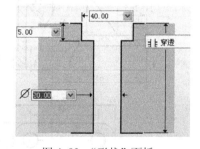

图4-82 "放置"面板

图4-83 "形状"面板

④ 完成孔特征的创建，结果如图4-84所示。

（6）创建孔特征2。按照上述（5）的方法，创建另一边的孔，也可以将孔特征沿着RIGHT面镜像到另外一边，结果如图4-85所示。

图4-84 完成的孔特征

图4-85 创建第二个孔特征

（7）完成模型的创建，保存文件。

4.9 综合练习题

（1）创建如图 4-86 所示零件的三维实体模型。

（2）创建如图 4-87 所示阀体零件的三维实体模型。

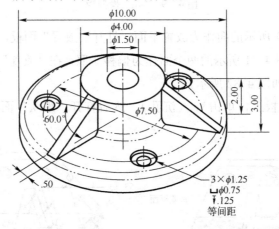

图 4-86 零件

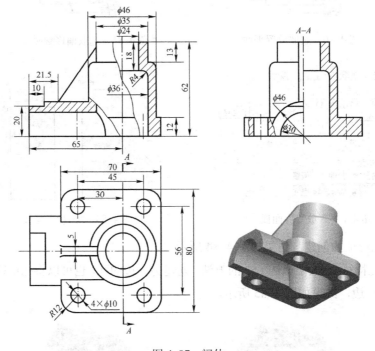

图 4-87 阀体

（3）创建如图 4-88 和图 4-89 所示千斤顶各零件的三维实体模型。

（4）创建如图 4-90 和图 4-91 所示低速滑轮各零件的三维实体模型。

（5）创建如图 4-92、图 4-93 和图 4-94 所示轴箱各零件的三维实体模型。

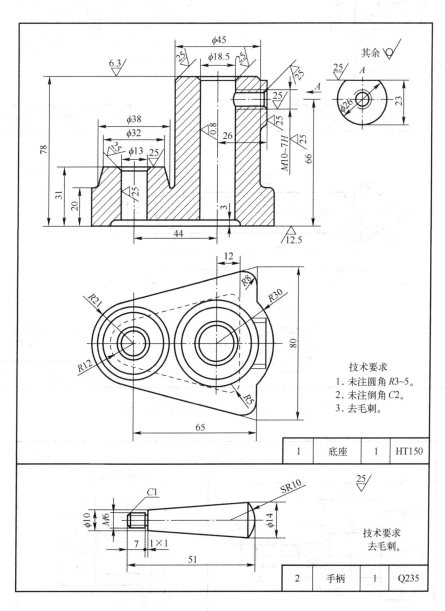

技术要求
1. 未注圆角 R3~5。
2. 未注倒角 C2。
3. 去毛刺。

| 1 | 底座 | 1 | HT150 |

技术要求
去毛刺。

| 2 | 手柄 | 1 | Q235 |

图 4-88 底座与手柄

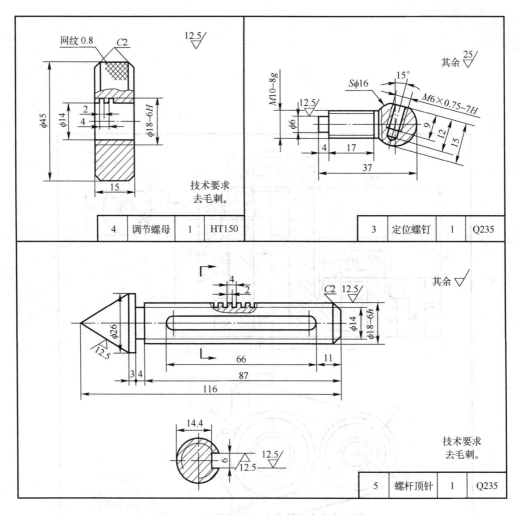

图 4-89　调节螺母、定位螺钉与螺杆顶针

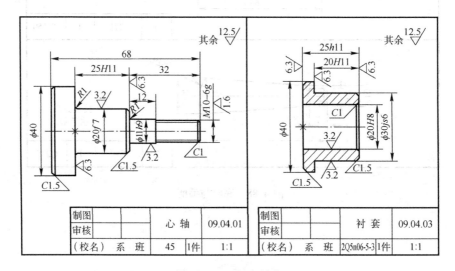

图 4-90　心轴与衬套

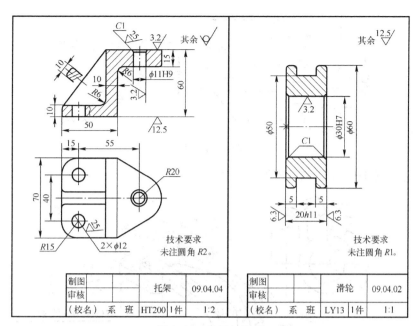

图 4-91　托架与滑轮

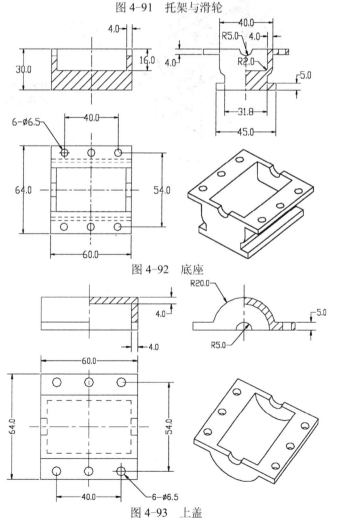

图 4-92　底座

图 4-93　上盖

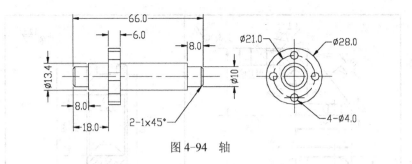

图 4-94 轴

（6）创建如图 4-95 所示踏架零件的三维实体模型。

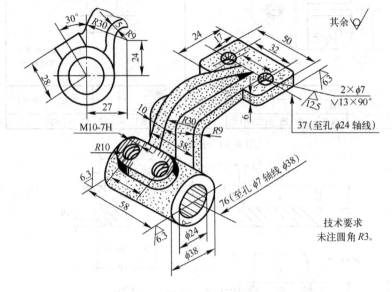

图 4-95 踏架

第5章 基 准 特 征

"基准特征"是用来对其他对象进行定位、约束和标注等的参照基准，包括基准点、基准轴、基准曲线、基准面、基准坐标系等。基准特征的创建比较简单，这里主要介绍基准曲线和基准坐标系的创建方法，其他基准特征就不一一赘述了。

5.1 基准的显示开关和设置

基准特征的显示开关如图5-1所示，可以根据设计需要随时设置基准特征的显示状态。当选中其按钮时（按钮处于下凹状态），图形窗口便显示相应的基准特征；反之，图形窗口不显示相应的基准特征。

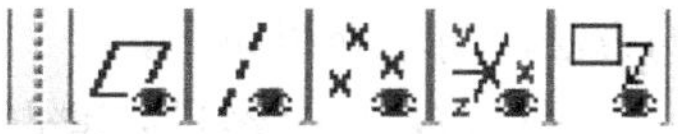

图5-1 基准特征的显示开关

也可以在模型树上单击选取某基准特征，然后右击，从弹出的快捷菜单中选择"隐藏"或者"取消隐藏"命令，可以隐藏该基准特征或者取消隐藏该基准特征。

5.2 基准曲线的创建

基准曲线可用于创建曲面特征，也可以用做轨迹线等。创建基准曲线的工具有草绘基准曲线和插入基准曲线。草绘基准曲线一般用于创建二维曲线；插入基准曲线比较灵活，创建的方式也有多种，既可以创建二维曲线，也可以创建复杂的三维空间曲线。

5.2.1 创建草绘基准曲线

草绘基准曲线的创建方法与创建其他草绘图形类似，草绘曲线可以是封闭的，也可以是开放的。这里介绍草绘曲线的创建过程。

（1）单击工具栏中的 ，弹出如图5-2所示的"草绘"对话框，在绘图区选择基准面FRONT面作为草绘平面，接受默认的设置，如图5-3所示。单击"草绘"按钮，进入草绘环境。

图5-2 "草绘"对话框

图5-3 选取草绘平面与参照

（2）单击工具栏中的～，绘制如图 5-4 所示的草绘图形。

（3）在草绘器工具栏单击✓，结束草绘，创建的草绘曲线如图 5-5 所示。

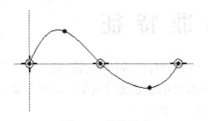

图 5-4　草绘图形

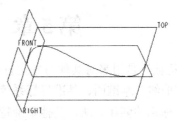

图 5-5　草绘基准曲线

5.2.2　创建插入基准曲线

在工具栏单击～，弹出如图 5-6 所示的菜单管理器。该菜单提供了 4 种插入基准曲线的方法，简单介绍如下。

通过点：定义经过基准点的曲线。

自文件：使用数据文件定义曲线。

使用剖截面：使用剖截面的轮廓来定义曲线。

从方程：根据方程创建基准曲线。

1．通过点创建基准曲线

下面通过一个实例来介绍通过点创建基准曲线的方法。

（1）创建拉伸特征。打开"拉伸"操控板，以 FRONT 面作为草绘平面，接受默认的设置，绘制如图 5-7 所示的拉伸截面，拉伸长度为 50，拉伸结果如图 5-8 所示。

图 5-6　"曲线选项"菜单

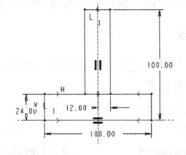

图 5-7　拉伸截面

图 5-8　拉伸结果

（2）通过点创建基准曲线。

① 单击～，弹出如图 5-6 所示的菜单管理器，选择"通过点"→"完成"，弹出如图 5-9 所示的"曲线"对话框和如图 5-10 所示的"连结类型"与"选取"菜单。"连结类型"菜单各选项的用途简要说明如下。

样条：使用通过选定点的三维样条构建曲线。

单一半径：使用贯穿所有折弯的同一半径来构建曲线。

多重半径：通过指定每个折弯的半径来构建曲线。

单个点：选取单独点。

图 5-9 "曲线"对话框

图 5-10 "连结类型"和"选取"菜单

整个陈列：以连续顺序，选取"基准点/偏移坐标系"特征中的所有点。

添加点：添加一个曲线将通过的点。

删除点：从曲线定义中删除一个该曲线当前通过的点。

插入点：在已经选定的点之间插入一个点。

② 接受默认的选择，在绘图区依次选择如图 5-11 所示的 3 个顶点，然后在"连结类型"菜单中选择"完成"。

③ 在"曲线"对话框中选择"相切"→"定义"，弹出如图 5-12 所示的"定义相切"和"选取"菜单，接受默认的选项。

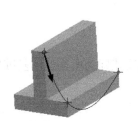

图 5-11 选取曲线经过的点

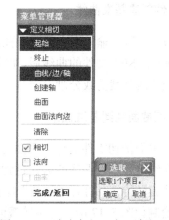

图 5-12 "定义相切"和"选取"菜单

④ 在绘图区选择起始点处的一条棱边，以定义基准曲线在起始点处与该棱边相切。这时在起始点处显示一个沿着棱边延伸方向的箭头，如图 5-13 所示。然后在定义相切菜单下方出现如图 5-14 所示的"方向"菜单，选择"确定"。

⑤ 在"定义相切"菜单中选择"终止"→"曲线/边/轴"，并选中"法向"复选框，如图 5-15 所示。

（3）在实体上选取第 2 点和第 3 点所在的那条棱边，在"定义相切"菜单中选择"完成/返回"。

（4）在"曲线"对话框中单击"确定"按钮，完成曲线的创建，结果如图 5-16 所示。

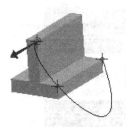

图 5-13　选取相切边

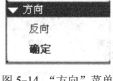

图 5-14　"方向"菜单

图 5-15　"定义相切"菜单

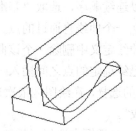

图 5-16　基准曲线特征

2．自文件创建基准曲线

使用该方法，可以输入来自 Pro/E 的.ibl，IGES，SET 或 VDA 等文件的基准曲线。Pro/E 读取来自 IGES 或 SET 文件的曲线后，将其转化为样条曲线。可以重定义自文件创建的曲线，也可以用其他曲线来裁剪或分割。

3．使用剖截面创建基准曲线

该方法用平面剖切零件实体，平面与实体轮廓的相交线即为所创建的基准曲线。下面通过一个实例介绍这种基准曲线的创建过程。

（1）创建旋转特征。打开"旋转"操控板，以 FRONT 面作为草绘平面，接受默认设置，进入草绘，绘制如图 5-17 所示的旋转截面，旋转角度为 360°，旋转结果如图 5-18 所示。

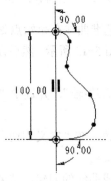

图 5-17　旋转截面

图 5-18　旋转结果

（2）在菜单栏选择"视图"→"视图管理器"，打开如图5-19所示的"视图管理器"对话框。

（3）切换至"剖面"选项卡，单击"新建"按钮，输入截面的名称A，如图5-20所示。回车后，弹出如图5-21所示的菜单。

（4）选择"平面"→"单一"→"完成"，弹出如图5-22所示的"设置平面"和"选取"菜单，在绘图区选择FRONT基准面作为剖切平面，结果如图5-23所示。

图5-19 "视图管理器"对话框

图5-20 "剖面"选项卡

图5-21 "剖截面创建"菜单

图5-22 "设置平面"与"选取"菜单

（5）关闭"视图管理器"对话框。

（6）使用剖截面创建基准曲线。

单击～，弹出"曲线选项"菜单，选择"使用剖截面"→"完成"，出现如图5-24所示的"截面名称"菜单，选择A，所创建的基准曲线如图5-25所示。

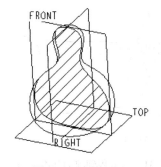

图5-23 剖截面

图5-24 "截面名称"菜单

图5-25 创建的基准曲线

4．从方程创建基准曲线

该方法是用方程式来定义基准曲线的。现通过一个具体实例来介绍其创建过程。

（1）单击 $\sim$，弹出"曲线选项"菜单，选择"从方程"→"完成"，出现如图 5-26 所示的"曲线"对话框和如图 5-27 所示的"得到坐标系"与"选取"菜单。

（2）在绘图区选择如图 5-28 所示的坐标系，然后在如图 5-29 所示的菜单中选择"笛卡尔"。

图 5-26 "曲线"对话框

图 5-27 "得到坐标系"和"选取"菜单

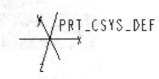

图 5-28 坐标系

图 5-29 "设置坐标类型"菜单

（3）系统出现"cmd"和"记事本"窗口，在"记事本"窗口中输入曲线方程，如图 5-30 所示。

（4）在"记事本"窗口中选择"文件"→"保存"，然后再次选择"文件"→"退出"。

（5）在"曲线"对话框中单击"确定"按钮，完成基准曲线的创建，结果如图 5-31 所示。

图 5-30 "cmd"和"记事本"窗口

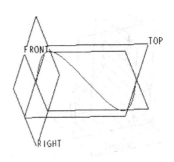

图 5-31 用方程创建的基准曲线

5.3 基准坐标系

基准坐标系常用于零件装配时的定位，常见的坐标系有笛卡尔坐标系、柱坐标系和球坐标系，下面主要介绍笛卡尔坐标系的创建方法。

5.3.1 基准坐标系创建方法

单击工具栏中的基准坐标系工具 ，弹出"坐标系"对话框，如图 5-32 所示，该对话框有原点、方向和属性三个选项卡，现分别进行介绍。

（1）"原点"选项卡：为默认的选项卡，主要用来定义坐标系的原点，其中的"参照"收集器用来收集定义坐标系原点所需的参照，根据所选参照的不同，"原点"选项卡的内容也会不同。

（2）"方向"选项卡：如图 5-33 所示，主要用来定义各坐标轴的方向。

图 5-32 "坐标系"对话框

图 5-33 "方向"选项卡

参考选取：通过选取参照来确定坐标轴的方向。可以使用参照来确定某一坐标轴的方向，也可以用参照的投影来确定坐标轴的方向。

所选坐标轴：根据所选的坐标系来确定新建坐标系各坐标轴的方向。选择一个坐标系后，方向选项卡变成如图 5-34 所示，其中 X、Y 和 Z 后面的文本框为新建坐标系各轴与所选坐标系对应轴的角度。

设置 Z 垂直于屏幕：用来使新建的坐标系的 Z 轴与电脑屏幕垂直。

（3）"属性"选项卡：如图 5-35 所示，主要用来定义坐标轴的名称。

图 5-34 "方向"选项卡

图 5-35 "属性"选项卡

5.3.2　基准坐标系创建实例

下面通过一个实例来介绍坐标系的创建方法。

（1）创建拉伸特征。打开"拉伸"操控板，以 FRONT 面作为草绘面，接受默认的设置，进入草绘，绘制如图 5-36 所示的拉伸截面，拉伸深度类型为 ⊟，拉伸深度为 80，结果如图 5-37 所示。

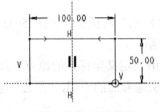

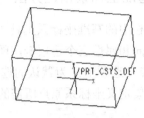

图 5-36　拉伸截面　　　　　　　　　　　　　　图 5-37　拉伸结果

（2）创建坐标系 1。单击工具栏中的 ×，弹出"坐标系"对话框，选择如图 5-38 所示的棱边，用于确定 X 轴方向，"方向"选项卡如图 5-39 所示。然后按住 Ctrl 键，选择另一条棱边，如图 5-40 所示，用于确定 Y 轴方向，"方向"选项卡如图 5-41 所示。X 轴与 Y 轴后面的"反向"按钮用于改变 X 轴与 Y 轴的方向。在"坐标系"对话框中单击"确定"按钮，即可完成坐标系的创建，结果如图 5-42 所示。

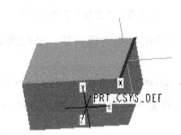

图 5-38　选取棱边确定 X 轴方向　　　　　　　　图 5-39　"方向"选项卡

图 5-40　选取棱边确定 Y 轴方向　　　　　　　　图 5-41　"方向"选项卡

（3）创建坐标系 2。再次单击工具栏中的 ✕，弹出"坐标系"对话框，选择如图 5-43 所示的顶点作为新坐标系的原点，"原点"选项卡如图 5-44 所示。切换到"方向"选项卡，激活第一个"使用"后面的收集器，选择刚才创建的坐标系 CS0，"方向"选项卡如图 5-45 所示，单击 原点 ▾，打开下拉列表，从中选择 X，即用 CS0 坐标系的 X 轴来确定新建坐标系的 X 轴，结果如图 5-46 所示。再激活第二个"使用"后面的收集器，选择如图 5-47 所示的棱边，"方向"选项卡如图 5-48 所示，单击"坐标系"对话框中的"确定"按钮，新建的坐标系如图 5-49 所示。

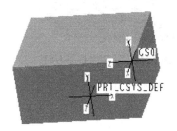

图 5-42　创建的坐标系 CS0

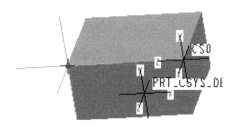

图 5-43　选取坐标系的原点

图 5-44　"原点"选项卡

图 5-45　"方向"选项卡

图 5-46　"方向"选项卡

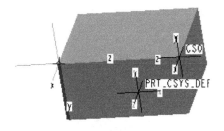

图 5-47　选取的棱边

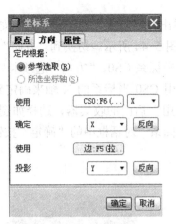

图 5-48　"方向"选项卡

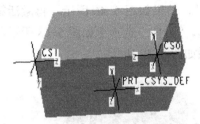

图 5-49　新建坐标系 CS1

第6章 特征的基本操作

特征创建完成后，可以对特征进行修改、删除、隐含、复制、镜像、成组等操作。

6.1 特征的修改

1．编辑特征

特征的编辑是指对特征的尺寸和相关修饰元素进行修改。在图形区的模型上双击需要编辑的特征，此时该特征的所有尺寸会显示出来。对于简单的模型，这是修改尺寸的一种常用方法。也可以从模型树中选择要编辑的特征，如图6-1所示，然后单击右键，弹出如图6-2所示的右键菜单，选择"编辑"，此时该特征的所有尺寸也都会显示出来，如图6-3所示。

特征的所有尺寸显示出来后，如果要修改特征的某个尺寸值，直接双击该尺寸，在弹出的文本框中输入新的尺寸，并回车。特征的尺寸修改后，需要进行"再生"操作，修改后的尺寸才会重新驱动模型。方法是在工具栏单击 ，或在菜单栏选择"编辑"→"再生"。

2．删除特征

在图6-2所示的菜单中，选择"删除"，系统弹出如图6-4所示的"删除"对话框，单击"确定"按钮，即可删除所选的特征。如果要删除的特征有子特征，系统将在模型树上加亮显示该特征的所有子特征。单击"删除"对话框中的"确定"按钮，则系统删除该特征及其所有子特征。

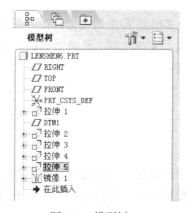

图6-1　模型树

图6-2　右键菜单

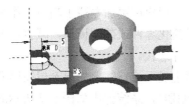

图6-3　显示特征的尺寸

图6-4　"删除"对话框

3．特征的编辑定义

编辑定义是最常用的特征修改方式，可以对特征进行全方位的修改。当特征创建完毕后，编辑定义可以重新打开该特征的"定义"操控板或者"定义"对话框（视不同的特征而定），在特征的"定义"操控板或"定义"对话框中可重新定义该特征的所有元素。

在如图 6-1 所示的模型树上选择"拉伸 5"，然后右击，从右键菜单中选择"编辑定义"，系统重新打开"拉伸"操控板，在操控板上可以重新定义拉伸特征的各项参数，如拉伸深度、拉伸截面等。在操控板上单击"放置"，可打开"放置"面板，如图 6-5 所示。在面板上单击"编辑"按钮，系统重新进入拉伸截面的草绘环境，以便对拉伸截面进行修改。草绘平面也可以更改。按上述方法进入草绘环境后，在菜单栏选择"草绘"→"草绘设置"，系统重新打开"草绘"对话框，如图 6-6 所示。在对话框中单击激活"平面"右边的收集器，然后在图形区或者模型树上选择某一平面，该平面将替换收集器上的原有平面，从而实现对草绘平面的更改。

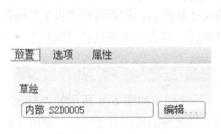

图 6-5 "放置"面板

图 6-6 "草绘"对话框

4．特征的撤销/重做功能

Pro/E Wildfire 5.0 提供了许多用户一直期望的多级撤销/重做功能，在所有对特征、组件和视图的操作中，如果错误地删除、重定义或修改了某些内容，通过"撤销"操作就能恢复原状。撤销后也可以通过"重做"，恢复刚才撤销的内容。

6.2 特征的隐含与隐藏

1．特征的隐含与恢复隐含

在图 6-2 所示的菜单中，选择"隐含"，即可隐含所选取的特征。如果要隐含的特征有子特征，子特征也会一同被隐含。类似地，在装配模块中，可以隐含装配体中的元件。隐含的作用主要有：

（1）特征隐含后，该特征在绘图区将不再显示，用户可更加专注于当前工作区域。

（2）隐含零件上的特征或装配体中的元件可以简化零件或装配模型，减少再生时间。

（3）暂时删除特征（或元件）可尝试不同的设计迭代。

一般情况下，特征被隐含后，系统不在模型树上显示该特征。如果希望在模型树上显示该特征，可以在导航区选择 ⫶·（设置）→"树过滤器"，系统弹出如图 6-7 所示的对话框，选中"隐含的对象"前面的复选框，然后单击"确定"按钮，这样被隐含的特征就会显示在模型树中，被隐含的特征名前会有一个填黑的小正方形标记，如图 6-8 所示。

图 6-7 "模型树项目"对话框

图 6-8 模型树上的隐含特征

如果要恢复被隐含的特征，可在模型树中右击被隐含的特征，在弹出的快捷菜单中选择"恢复"，从而恢复特征的显示。如果隐含的特征没有显示在模型树上，可以在主菜单上选择"编辑"→"恢复"。

2. 特征的隐藏与取消隐藏

在模型树上选择某一特征，然后单击右键，从弹出的快捷菜单中选择"隐藏"，即可隐藏该特征，隐藏的特征也不会显示在绘图区。要取消特征的隐藏，可在模型树中右击被隐藏的特征，在弹出的快捷菜单中选取"取消隐藏"即可。

6.3 特征的重新排序及插入操作

1. 重新排序的操作方法

当特征创建完成后，需要重新调整某一特征的顺序时，可在模型树中选择该特征，然后按住左键不放，直接将该特征拖至新的位置。不过，特征的重新排序是有条件的，其条件是不能将一个子特征拖至其父特征的前面。如果要调整有父子关系的特征的顺序，必须先解除特征间的父子关系。解除父子关系有两种办法：一是改变特征截面的标注参照或约束方式；二是特征的重定次序，即改变特征的草绘平面和草绘平面的参照平面。

2．特征的插入操作

当特征完成以后，需要在该特征前面添加一个其他特征，可以直接将特征插入符号从模型树底部拖至该特征的前面，如图 6-9 所示，然后在该位置创建新的特征，完成新特征的创建后，再将插入符号拖至模型树的底部。

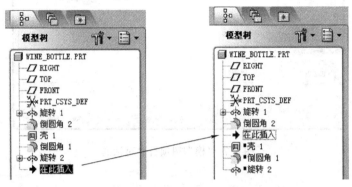

图 6-9　特征的插入操作

6.4　特征的复制

特征的复制命令用于创建一个或多个特征的副本。特征复制包括镜像复制、平移复制、旋转复制和新参考复制等。

1．复制菜单介绍

选择主菜单"编辑"→"特征操作"，系统弹出如图 6-10 所示的"特征"菜单。在该菜单中选择"复制"，弹出如图 6-11 所示的"复制特征"菜单，该菜单可以分为三个部分，现介绍该菜单各部分的功能。

图 6-10　"特征"菜单　　　　图 6-11　"复制特征"菜单

第一部分：用于定义复制的类型。

新参考：创建特征的新参考复制。

相同参考：创建特征的相同参考复制。

镜像：创建特征的镜像复制。

移动：创建特征的移动复制。

第二部分：用于定义复制的来源。

选取：从当前零件中选取特征进行复制。

所有特征：复制当前零件的所有特征。

不同模型：从不同的三维模型中选取特征进行复制，只有选择了新参考命令时，该命令才有效。

不同版本：从同一三维模型的不同版本中选取特征进行复制。该命令对新参考或相同参考有效。

第三部分：用于定义复制属性。

独立：复制特征的尺寸独立于原特征的尺寸。从不同模型或版本中复制的特征自动独立。

从属：复制特征的尺寸从属于原特征的尺寸。当重定义从属复制特征的截面时，所有的尺寸显示在原特征上。当修改原特征的截面时，系统同时更新从属复制。该命令只涉及截面和尺寸，所有其他参照和属性都不是从属的。

2．特征复制应用实例

下面通过一个实例来说明特征的常用复制方法。

（1）创建拉伸特征 1。打开"拉伸"操控板，以 TOP 面作为草绘平面，接受默认的设置，进入草绘，绘制如图 6-12 所示的拉伸截面，拉伸长度为 40，拉伸结果如图 6-13 所示。

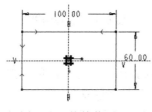

图 6-12　拉伸截面　　　　　　　　　　　　图 6-13　拉伸结果

（2）创建拉伸特征 2。再次打开"拉伸"操控板，以上一个拉伸特征的上表面作为草绘平面，接受默认的设置，进入草绘，绘制如图 6-14 所示的拉伸截面，拉伸长度为 20，拉伸结果如图 6-15 所示。

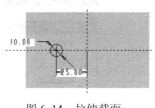

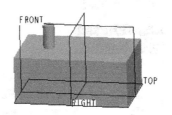

图 6-14　拉伸截面　　　　　　　　　　　　图 6-15　拉伸结果

（3）镜像复制特征。特征的镜像复制就是将原特征相对一个平面（这个平面称为镜像平面）进行镜像，从而得到原特征的一个副本。

① 在菜单栏选择"编辑"→"特征操作"，系统弹出如图 6-10 所示的"特征"菜单，

在菜单中选择"复制"，弹出如图 6-11 所示的"复制特征"菜单，在菜单中选择"镜像"→"完成"。

② 弹出如图 6-16 所示的"选取特征"和"选取"菜单，在模型树或者绘图区选取拉伸特征 2，选择"选取特征"菜单中的"完成"。

③ 弹出如图 6-17 所示的菜单，选取 RIGHT 基准面作为镜像平面，在图 6-18 所示"特征"菜单中选择"完成"，就可完成特征的镜像复制，结果如图 6-19 所示。

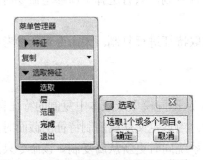
图 6-16 "选取特征"和"选取"菜单

图 6-17 "设置平面"与"选取"菜单

图 6-18 "特征"菜单

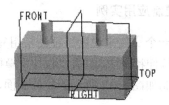
图 6-19 镜像结果

（4）平移复制特征。

① 在菜单栏选择"编辑"→"特征操作"，系统弹出"特征"菜单，在菜单中选择"复制"，弹出"复制特征"菜单，在菜单中选择"移动"→"完成"。

② 弹出如图 6-20 所示的"选取特征"和"选取"菜单，在模型树或者绘图区选取拉伸特征 2，选择"选取特征"菜单中的"完成"。

③ 弹出如图 6-21 所示的"移动特征"菜单，选择"平移"。

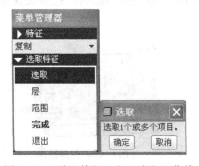
图 6-20 "选取特征"和"选取"菜单

图 6-21 "移动特征"菜单

④ 弹出如图 6-22 所示的"一般选取方向"和"选取"菜单，选取 FRONT 面作为平移的参照平面，此时模型中出现平移方向的箭头，如图 6-23 所示。

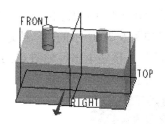

图 6-22 "一般选取方向"和"选取"菜单　　　　　图 6-23 方向箭头

⑤ 在弹出的如图 6-24 所示的"方向"菜单中选择"确定",弹出"输入偏移距离"窗口,输入平移的距离 20,如图 6-25 所示,回车,然后在如图 6-21 所示的"移动特征"菜单中选择"完成移动"。

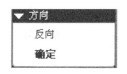

图 6-24 "方向"菜单　　　　　图 6-25 "输入偏移距离"窗口

⑥ 系统弹出如图 6-26 所示的"组元素"对话框和如图 6-27 所示的"组可变尺寸"和"选取"菜单,并且模型上显示原特征的所有尺寸,如图 6-28 所示,当把鼠标指针移至 Dim1、Dim2 或 Dim3 时,系统就加亮模型上相应的尺寸。

注意:如果在移动复制的同时要改变特征的某个尺寸,可从屏幕选取该尺寸或在"组可变尺寸"菜单中勾选该尺寸,然后选择"完成",此时系统就会提示输入新值,输入新值并按回车键,即可完成尺寸的修改。

⑦ 不改变特征的尺寸,在图 6-27 所示的菜单中直接选择"完成",在"组元素"对话框中单击"确定"按钮,在"特征"菜单中选择"完成",完成特征的平移复制,结果如图 6-29 所示。

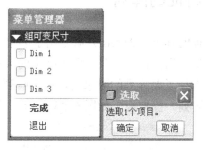

图 6-26 "组元素"对话框　　　　　图 6-27 "组可变尺寸"与"选取"菜单

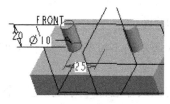

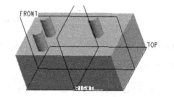

图 6-28 原特征的尺寸　　　　　图 6-29 平移复制结果

（5）旋转复制特征。

① 重复上述（4）中的①和②，然后在图6-21所示的"移动特征"菜单中选择"旋转"。

② 弹出如图6-30所示的"一般选取方向"和"选取"菜单，选择"曲线/边/轴"，选取实体的一条棱边，棱边上出现如图6-31所示的箭头，表示轴的正向，在弹出的如图6-32所示的"方向"菜单中选择"确定"。

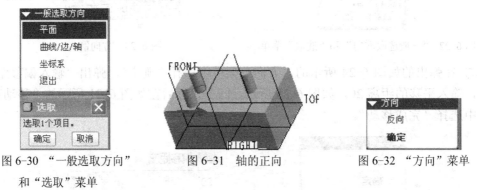

图6-30 "一般选取方向"　　图6-31 轴的正向　　图6-32 "方向"菜单
和"选取"菜单

③ 弹出如图6-33所示的"输入旋转角度"窗口，输入90，回车。

④ 后面的操作与上述（4）中的⑥和⑦相同，结果如图6-34所示。

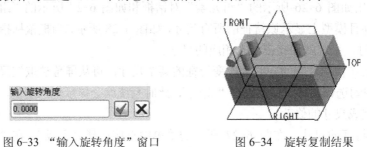

图6-33 "输入旋转角度"窗口　　图6-34 旋转复制结果

6.5 特征的阵列

特征的阵列（Pattern）命令用于创建一个特征的多个副本。阵列可以是矩形阵列，也可以是环形阵列。在阵列时，各个副本的大小也可以递增变化。

在选择了要阵列的对象后，单击阵列工具▦，或者打开右键菜单，选择"阵列"，可以打开"阵列"操控板，如图6-35所示。

图6-35 "阵列"操控板

在操控板上单击 尺寸 ▼，可以打开如图6-36所示的下拉菜单，从中可以选择阵列的类型。下面介绍各种类型的功能。

尺寸：通过指定阵列特征一个或者两个方向的定位尺寸进行阵列。指定一个方向的尺寸就是单排阵列，指定两个方向的尺寸可进行多排多行阵列，即矩形阵列。

方向：通过指定一个或者两个方向进行阵列，其功能与尺寸阵列基本相同，尺寸阵列用尺寸来定义阵列方向，而方向阵列直接用平面、直线或者轴等来定义阵列方向。

轴：使特征绕着指定的轴进行环形阵列。

表：通过使用阵列表并为每个阵列副本指定尺寸值来进行阵列。

参照：通过参照另一阵列来进行阵列，即阵列方法与指定的参照阵列相同。

曲线：沿着指定曲线并按指定的距离或者数目来进行阵列。

点：用阵列的成员来填充所草绘的区域。

在操控板上单击"选项"，在打开的"选项"面板上单击 一般 ▼ ，可以打开如图 6-37 所示的下拉菜单。下面介绍该菜单各个选项的功能。

相同：所有的阵列副本大小相同。相同阵列的所有副本必须放置在同一曲面上，阵列的副本不能与放置曲面的边、其他副本的边或放置曲面以外任何特征的边相交。

可变：阵列的每个副本可以有不同的尺寸，每个阵列副本不可以相交。

一般：阵列的每个副本可以有不同的尺寸，且每个阵列副本可以相交。

下面通过如图 6-38 所示零件模型为例来介绍特征阵列的方法。该零件的模型树如图 6-39 所示，其创建步骤如下。

图 6-36　阵列类型下拉菜单

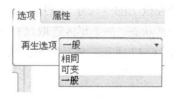

图 6-37　"选项"面板

图 6-38　零件模型

图 6-39　模型树

（1）创建拉伸特征 1。打开"拉伸"操控板，以 TOP 面作为草绘平面，接受默认的设置，进入草绘，绘制如图 6-40 所示的拉伸截面，拉伸长度为 40，拉伸结果如图 6-41 所示。

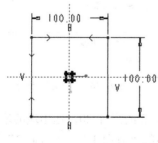

图 6-40　拉伸截面

图 6-41　拉伸结果

（2）创建拉伸特征 2。再次打开"拉伸"操控板，以上述拉伸特征的上表面作为草绘平面，接受默认的设置，进入草绘，绘制如图 6-42 所示的拉伸截面，拉伸长度为 25，拉伸结果如图 6-43 所示。

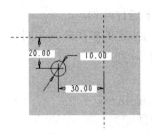

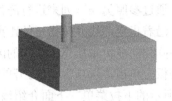

图 6-42　拉伸截面　　　　　　　　　　　　图 6-43　拉伸结果

1．矩形阵列

（1）在图 6-39 所示的模型树中选取要阵列的特征"拉伸 2"，单击右键，从右键菜单中选择"阵列"，弹出如图 6-44 所示的"阵列"操控板，接受默认的"尺寸"阵列，此时要阵列的特征的尺寸会显示出来，如图 6-45 所示。

（2）单击操控板上的"尺寸"，打开如图 6-46 所示的"尺寸"面板。"方向 1"下面的尺寸收集器处于激活状态。在图形区选取尺寸 30 作为方向 1 的尺寸，在尺寸下面的文本框中输入增量-30，如图 6-47 所示，然后回车。或者在"尺寸"选项卡的方向 1 的"增量"栏中输入-30.0。

图 6-44　"阵列"操控板

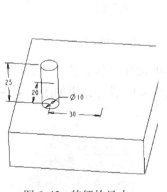

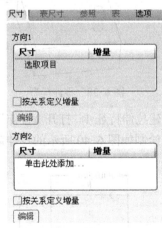

图 6-45　特征的尺寸　　　　　　　　　　　　图 6-46　"尺寸"面板

（3）激活"方向 2"下面的尺寸收集器，选取方向 2 的尺寸 20，在出现的增量文本框中输入-30，如图 6-48 所示。完成后，"尺寸"选项卡中的"方向 1"与"方向 2"栏如图 6-49 所示。

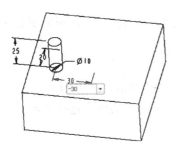

图 6-47　方向 1 的尺寸

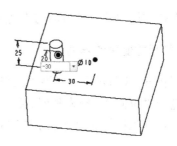

图 6-48　方向 2 的尺寸

（4）在操控板中的第一方向的阵列成员数文本框中输入 3，在第二方向的阵列成员数文本框中输入 2，如图 6-50 所示。

图 6-49　"方向 1"与"方向 2"栏　　　　　　　图 6-50　"阵列"操控板

（5）在操控板中单击☑，阵列结果如图 6-51 所示。

2. "斜一字形"阵列

继续以图 6-38 所示零件模型为例来介绍"斜一字形"阵列的创建方法。

（1）选择"拉伸 2"作为阵列的特征，单击右键，从右键菜单中选择"阵列"，打开"阵列"操控板。阵列特征的尺寸显示如图 6-52 所示。

（2）选取图 6-52 中的尺寸 30 作为"方向 1"的第一个尺寸，再按住 Ctrl 键选取尺寸 20 作为"方向 1"的第二个尺寸。在"阵列"操控板上单击"尺寸"，打开"尺寸"面板，将第一个尺寸和第二个尺寸的增量分别修改为-30 和-20，如图 6-53 所示。

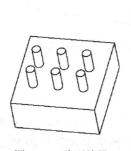

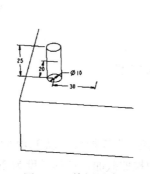

图 6-51　阵列结果　　　　图 6-52　特征尺寸　　　　图 6-53　"尺寸"面板

（3）在操控板中的第一方向的阵列成员数中输入3，结束阵列，结果如图6-54所示。

3. 特征尺寸变化的阵列

还是以图6-38所示零件模型为例来介绍特征尺寸变化的阵列的创建方法。

（1）选择"拉伸2"作为阵列的特征，单击右键，从右键菜单中选择"阵列"，打开"阵列"操控板，阵列特征的尺寸显示如图6-55所示。

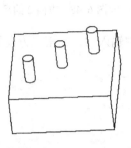

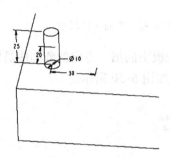

图6-54　阵列结果　　　　　　　　　　图6-55　特征尺寸

（2）选取图6-55所示的尺寸30作为"方向1"的第一个尺寸，输入增量值-30.0。然后按住Ctrl键，再选取"方向1"的的第二个尺寸25（即圆柱的高度），输入增量10。

（3）在"阵列"操控板中单击"尺寸"，打开"尺寸"选项卡，激活"方向2"下面的收集器，然后选取尺寸20作为"方向2"的第一个尺寸，输入增量-40，按住Ctrl键，再选取尺寸10（即圆柱的直径）作为"方向2"的第二个尺寸，输入相应增量5。"尺寸"面板中的"方向1"与"方向2"栏如图6-56所示。

（4）在操控板中第一方向的阵列成员数中输入3，在第二方向输入2。

（5）结束阵列，结果如图6-57所示。

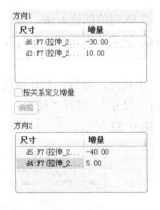

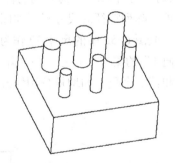

图6-56　"方向1"与"方向2"栏　　　　　　图6-57　阵列结果

4. 环形阵列

（1）创建拉伸特征。打开"拉伸"操控板，以TOP面作为草绘平面，接受默认的设置，进入草绘，绘制如图6-58所示的拉伸截面，拉伸长度为20，拉伸结果如图6-59所示。

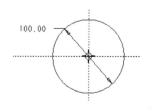

图 6-58　拉伸截面　　　　　　　　　　图 6-59　拉伸结果

（2）创建拉伸切除材料特征 2。再次打开"拉伸"操控板，单击 ◿，以上一步创建的拉伸特征的上表面作为草绘平面，接受默认的设置，进入草绘，绘制如图 6-60 所示的拉伸截面，拉伸深度类型为穿透 ⮌┋ᵋ，拉伸结果如图 6-61 所示。

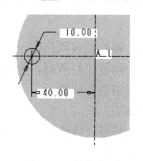

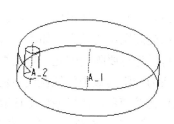

图 6-60　拉伸截面　　　　　　　　　　图 6-61　拉伸结果

（3）在模型树上选中特征"拉伸 2"，单击右键，从右键菜单中选择"阵列"，打开"阵列"操控板。

（4）在操控板上单击 尺寸 ▾，打开阵列类型下拉列表，从中选择"轴"，结果如图 6-62 所示。

图 6-62　"阵列"操控板

（5）在图形区选择 A_1 轴，然后在操控板上第一方向的阵列成员数输入 6，成员间的角度输入 60；在第二方向的成员数输入 2，成员间的距离输入-20，完成后操控板如图 6-63 所示。

图 6-63　"阵列"操控板

（6）结束阵列操作，结果如图 6-64 所示。

5．删除阵列

在模型树上选择阵列，如图 6-65 所示，然后单击右键，弹出右键菜单，其部分内容如图 6-66 所示。选择"删除阵列"，将删除阵列的副本，而原特征不被删除。如果选择"删除"，则原特征和阵列副本都被删除。

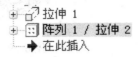

		删除
		删除阵列
		组

图 6-64　阵列结果　　　　　　图 6-65　选取阵列　　　　　　图 6-66　右键菜单部分内容

6.6　特征的成组

　　特征的成组是将几个特征组成一个组。特征成组后，组特征可以作为一个对象来进行操作，这样就可以提高操作的效率。如阵列时，只能对单个特征进行阵列，要对多个特征同时进行阵列，就可以先将要阵列的几个特征组成组，然后对组进行阵列。

　　注意：要成为一组的数个特征在模型树中必须是连续的。

　　成组的操作比较简单，在模型树上选取要成组的几个特征（注意，按住 Ctrl 键可以连续选取多个对象），然后单击右键，从右键菜单中选择"组"即可。

第7章 曲面特征造型

许多现代产品的外形含有流畅和谐的曲面元素,因此,产品的造型离不开曲面造型设计。曲面造型在造型上更加灵活,也能创建更加复杂的零件形状。这里要注意,曲面是没有厚度的几何特征,不要将曲面与实体里的薄壁特征相混淆,薄壁特征有一个壁的厚度值,薄壁特征本质上是实体,只不过它的壁比较薄而已。

在 Pro/E 中,基本曲面一般包括拉伸曲面、旋转曲面、扫描曲面、混合曲面、扫描混合曲面、可变截面扫描曲面、填充曲面等。高级曲面包括边界混合曲面、螺旋扫描曲面等。另外,还可以设计一种自由形式的曲面,简称为造型曲面(ISDX),它属于一种概念性强、使用更为灵活的曲面。

在 Pro/E 中,曲面特征如拉伸、旋转、扫描、混合等曲面特征与其对应的实体特征的创建过程基本相同,在此不一一赘述。下面主要讲述填充曲面和边界混合曲面的创建方法。

7.1 填充曲面

填充曲面是将一个封闭的草绘链填充为曲面,填充曲面属于二维的平整曲面。创建填充曲面的一般操作步骤如下:

（1）在菜单栏选择"编辑"→"填充",打开如图 7-1 所示的"填充曲面"操控板。

图 7-1 "填充曲面"操控板

（2）在操控板上单击"参照",打开如图 7-2 所示
"参照"面板,然后单击"定义"按钮,打开"草绘"对话框,如图 7-3 所示。或者直接在绘图区中单击右键,从弹出的快捷菜单中选择"定义内部草绘",也可以打开"草绘"对话框。选择 TOP 面作为草绘平面,其他设置采用默认的设置,单击"草绘"按钮就可以进入草绘环境。

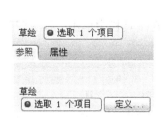

图 7-2 "参照"面板

图 7-3 "草绘"对话框

（3）在草绘环境中绘制如图7-4所示的填充截面，完成后结束草绘。

（4）在操控板中，单击 ✔，完成填充曲面的创建，结果如图7-5所示。

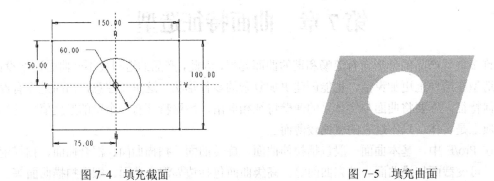

图7-4　填充截面　　　　　　　　　　　图7-5　填充曲面

7.2　边界混合曲面

边界混合曲面由若干参照图元（它们在一个或两个方向上定义曲面）来控制其形状，且每个方向上选定的第一个和最后一个图元定义为曲面的边界。如果添加更多的参照图元（如控制点和边界），则能更精确、更完整地定义曲面形状。

创建边界混合曲面时，需要注意以下几点：

（1）曲线、模型边、基准点、曲线或边的端点都可以作为参照图元。

（2）每个方向的参照图元必须按连续的顺序选取。

（3）在两个方向上定义边界混合曲面时，作为边界的参照必须首尾相接，形成一个封闭环。

7.2.1　边界混合曲面创建的一般步骤

（1）定义若干条曲线作为参照图元，如图7-6所示。

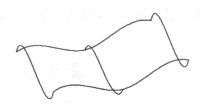

图7-6　参照图元

（2）在菜单栏选择"插入"→"边界混合"，或在工具栏中单击 ⟳，打开"边界混合"操控板，如图7-7所示。

图7-7　"边界混合"操控板

（3）按住 Ctrl 键在图形区按顺序选择第一方向的曲线，如图 7-8 所示。然后在空白处单击右键，在弹出的右键菜单中选择"第二方向曲线"，然后在图形区选择第二方向的曲线，如图 7-9 所示。

（4）在操控板上单击 ✔，完成边界混合曲面的创建，结果如图 7-10 所示。

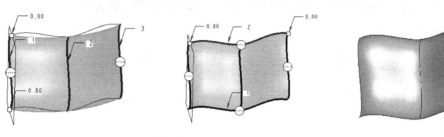

图 7-8　选择第一方向曲线　　　图 7-9　选择第二方向曲线　　　图 7-10　边界混合曲面

7.2.2　"边界混合"操控板

如上所述，在选取了两个方向上的曲线之后，"边界混合"操控板如图 7-11 所示，其上显示第一方向有 3 条曲线，第二方向有 2 条曲线。

图 7-11　"边界混合"操控板

（1）在操控板上单击"曲线"，打开"曲线"面板，如图 7-12 所示。该面板用于收集第一方向和第二方向的参照图元。列表框右边的箭头用来调整参照图元的顺序。若选中"闭合混合"复选框，则将最后一条曲线与第一条曲线混合来形成封闭环。

图 7-12　"曲线"面板

（2）"约束"面板如图 7-13 所示，该面板用来控制边界条件。选择"条件"栏下面的任意一行，然后单击打开如图 7-14 所示的下拉菜单，边界条件有如下 4 种：

自由：边界混合曲面在边界处不添加约束。

相切：边界混合曲面在边界处与参照曲面相切。将某一条边界曲线设置为相切后，会提示选取与之相切的参照。

曲率：边界混合曲面在边界处与参照曲面是曲率连续的。

垂直：边界混合曲面在边界处垂直于参照曲面或平面。

（3）"控制点"面板如图 7-15 所示，该面板用来设置合适的控制点以减少边界混合曲面的曲面片数。其中"第一"用来定义第一个方向上的控制点；"第二"用来定义第二个方向上的控制点；"拟合"用来设置控制点的拟合方式。拟合方式包括自然、弧长、点至点、段至段和可延展五种。根据参照曲线的不同，拟合方式可以选择的类型可能会不同。

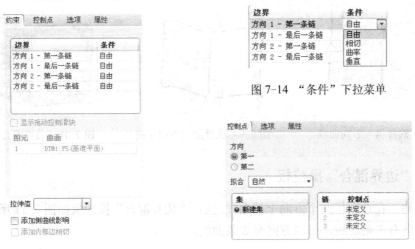

图 7-14 "条件"下拉菜单

图 7-13 "约束"面板

图 7-15 "控制点"面板

（4）"选项"面板如图 7-16 所示，该面板用来添加影响曲线，以使边界混合曲面逼近（拟合）影响曲线的形状。其中"平滑度"用来控制曲面的粗糙度、不规则性或投影等，其因子在 0 到 1 之间。"在方向上的曲面片"用于控制曲面沿 u 和 v 方向的曲面片数。曲面片数量越多，则曲面与所选的影响曲线越靠近。曲面片数的范围为 1～29。

（5）"属性"面板用于定义边界混合曲面的名称。

7.2.3 边界混合曲面应用实例

创建如图 7-17 所示的曲面。

（1）创建草绘曲线 1。单击草绘工具，以 TOP 面作为草绘平面，接受默认的设置，进入草绘，绘制如图 7-18 所示的草绘图形，然后结束草绘。

图 7-16 "选项"面板

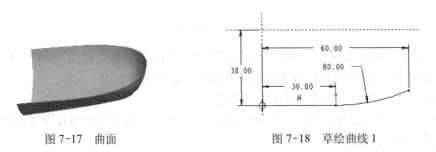

图 7-17 曲面

图 7-18 草绘曲线 1

（2）通过镜像得到曲线 2。选取曲线 1，然后在工具栏单击镜像工具，弹出"镜像"

操控板，选择 FRONT 面作为镜像平面，结束镜像操作，结果如图 7-19 所示。

（3）创建基准平面 DTM1。单击创建基准平面工具 $\square$，打开"基准平面"对话框，选择曲线 1 右边的端点，再按住 Ctrl 键选择 RIGHT 面，如图 7-20 所示。在"基准平面"对话框单击"确定"按钮，完成基准平面的创建。

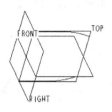

图 7-19　镜像曲线

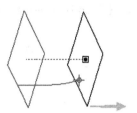

图 7-20　创建基准平面

（4）创建曲线 3。

① 单击 ，以 RIGHT 面作为草绘平面，以 TOP 面向顶（上）为参照，进入草绘环境。

② 在菜单栏选取"草绘"→"参照"，弹出"参照"和"选取"对话框。在图形区按住滚轮（中键）拖动，将视图旋转到合适方向，如图 7-21 所示。打开"过滤器"菜单，如图 7-22 所示，从中选择"顶点"，然后在图形区选择曲线 1 的左端点作为参照，如图 7-23 所示。按同样方法，选择曲线 2 的左端点作为参照。结果，"参照"对话框如图 7-24 所示，单击"关闭"按钮，完成参照的选取。

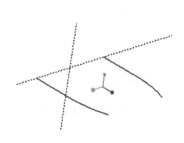

图 7-21　旋转视图

图 7-22　"过滤器"菜单

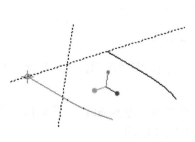

图 7-23　选择顶点

图 7-24　"参照"对话框

③ 在工具栏单击 🔁，视图返回到草绘方向，然后绘制如图 7-25 所示的草绘图形。注意，圆弧的两个端点分别与两个参照顶点重合。在工具栏单击 ✔，结束草绘。

（5）创建曲线 4。单击 ⬚，以 DTM1 面作为草绘面，以 TOP 面向顶（上）为参照，进入草绘环境。按照步骤（4）中同样的方法，分别选择曲线 1 和曲线 2 另一端的两个顶点作为参照。然后绘制如图 7-26 所示的草绘图形。在工具栏单击 ✔，结束草绘。

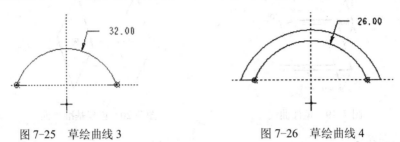

图 7-25　草绘曲线 3　　　　　　　　　图 7-26　草绘曲线 4

（6）创建曲线 5。单击 ⬚，以 TOP 面作为草绘平面，以 RIGHT 面向右为参照，进入草绘环境。在菜单栏选取"草绘"→"参照"，弹出"参照"和"选取"对话框。在图形区分别选择曲线 1 和曲线 2 的两段圆弧作为参照。然后绘制如图 7-27 所示的草绘图形。注意曲线 5 的端点与曲线 1 和曲线 2 的端点重合并相切。结束草绘，结果如图 7-28 所示。

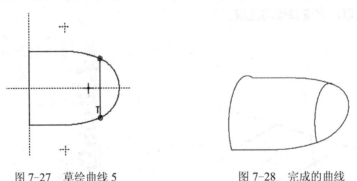

图 7-27　草绘曲线 5　　　　　　　　　图 7-28　完成的曲线

（7）创建边界混合曲面 1。

① 在菜单栏选择"插入"→"边界混合"，或在工具栏中单击 🗠，打开"边界混合"操控板，如图 7-29 所示。

图 7-29　"边界混合"操控板

② 按住 Ctrl 键（按住 Ctrl 键可以选择多个对象），在绘图区选择曲线 1 和曲线 2 作为第一方向的控制图元，如图 7-30 所示。

③ 在空白处单击右键，在弹出的右键菜单中选择"第二方向曲线"，然后按住 Ctrl 键，选取曲线 3 和曲线 4 作为第二方向的控制图元，如图 7-31 所示。

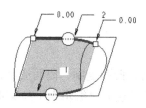

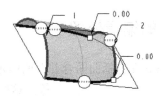

图 7-30　选择第一方向曲线　　　　　　　图 7-31　选取第二方向曲线

④ 在"边界混合"操控板上单击☑，完成边界混合曲面的创建，结果如图 7-32 所示。

（8）创建边界混合曲面 2。

① 在工具栏单击⬲，打开"边界混合"操控板。

② 按住 Ctrl 键，选择曲线 4 和曲线 5 作为第一方向的控制图元，如图 7-33 所示。

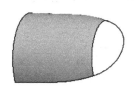

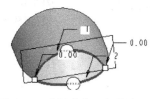

图 7-32　边界混合曲面　　　　　　　图 7-33　选择曲线 4 和曲线 5

③ 在"边界混合"操控板上单击"约束"，打开"约束"面板，如图 7-34 所示。将"方向1-第一条链"的条件设置为"相切"，然后单击激活"曲面"下面的收集器，如图 7-35 所示。在绘图区单击选择刚才创建的边界混合曲面 1，如图 7-36 所示。此时，"约束"面板如图 7-37 所示。

④ 在"边界混合"操控板单击☑，完成边界混合特征的创建，结果如图 7-38 所示。

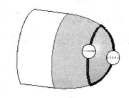

图 7-34　"约束"面板　　　图 7-35　激活"曲面"收集器　　　图 7-36　选择边界混合曲面 1

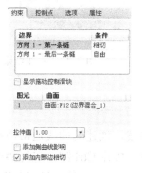

图 7-37　"约束"面板　　　　　　　图 7-38　边界混合曲面

7.3　曲面的编辑处理

曲面编辑处理包括曲面合并、曲面延伸、曲面修剪、曲面复制、曲面加厚、曲面实体化等，这些编辑命令在菜单栏的"编辑"下拉菜单中。曲面编辑的命令一般要在选取了合适的对象之后才可以使用。下面以如图 7-39 所示的两个曲面为例来介绍常用的曲面编辑方法。图 7-39 所示曲面的创建步骤如下。

图 7-39　两个曲面

（1）创建第一个拉伸曲面。打开"拉伸"操控板，单击□，如图 7-40 所示。选择 TOP 面作为草绘平面，绘制如图 7-41 所示的拉伸截面，拉伸深度为 50，结束拉伸曲面的创建，结果如图 7-42 所示。

图 7-40　"拉伸"操控板

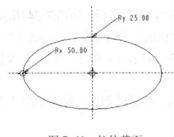

图 7-41　拉伸截面

图 7-42　拉伸结果

（2）创建第二个拉伸曲面。再次打开"拉伸"操控板，单击□，选择 FRONT 面作为草绘平面，绘制如图 7-43 所示的拉伸截面，拉伸深度类型为 （对称），拉伸深度为 80，结束拉伸曲面的创建，结果如图 7-44 所示。

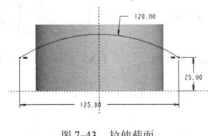

图 7-43　拉伸截面

图 7-44　拉伸结果

7.3.1　曲面相交

曲面相交可以在非平行的两个曲面的相交处创建曲线，创建的曲线通常被称为"相交曲线"或"交截曲线"。例如，在如图 7-39 所示的曲面中，按住 Ctrl 键，选择两个曲面，然后在菜单栏选择"编辑"→"相交"，便可以创建两个曲面的相交曲线，结果如图 7-45 所示。

隐藏两个曲面后，结果如图 7-46 所示。

图 7-45　两曲面的相交曲线

图 7-46　曲线

如果在模型窗口中只选择了其中的一个曲面，然后在菜单栏选择"编辑"→"相交"，可以打开"相交"操控板，如图 7-47 所示。操控板的"曲面"收集器中只有一个曲面面组，系统提示"选取 1 个项目"。接着按住 Ctrl 键，选择与之相交的另一个曲面，单击☑，完成曲面的相交。

图 7-47　"相交"操控板

7.3.2　曲面合并

曲面的合并是将两个曲面或面组合并成一个面组。如果删除合并特征，原始面组仍会保留。合并两个面组时，选取的第一个面组将成为主参照面组，它确定合并组 ID。这对于诸如隐含和恢复或层遮蔽等操作会很重要。例如，隐含主参照面组则合并面组也被隐含。

曲面合并的一般操作步骤如下。

（1）选择两个面组，在菜单栏选择"编辑"→"合并"，或者在工具栏单击 ⬡，打开"合并"操控板，如图 7-48 所示。

图 7-48　"合并"操控板

（2）选择两个面组合并后被保留的侧。两个面组在相交处都用箭头来指向该曲面合并后被保留的侧，如图 7-49 所示。单击该箭头可以改变被保留的侧，也可以通过在操控板中单击方向按钮 ✂ 来改变被保留的侧，前一个 ✂ 用于改变第一个面组的侧，后一个 ✂ 用于改变第二个面组的侧。

打开"参照"面板，如图 7-50 所示，要合并的两个面组会显示在面组列表中。选择一个面组，单击右侧的移动箭头可以调整面组的排序。排在前面的作为主参照面组。

（3）接受如图 7-49 所示的保留侧，单击"合并"操控板中的☑，完成曲面的合并，结果如图 7-51 所示。

图 7-49　合并保留的侧

图 7-50　"参照"选项卡

图 7-51　合并结果

7.3.3　曲面修剪

曲面的修剪是用与曲面相交的其他面组、基准平面或位于其上的曲线对其进行剪切的。修剪工具 🗇 可以用来剪切或分割面组或曲线。曲面的修剪的一般操作步骤如下。

（1）选择图 7-39 中的曲面 2（圆弧曲面）作为修剪曲面，如图 7-52 所示。在菜单栏选择"编辑"→"修剪"（或者在工具栏单击修剪工具 🗇），打开"修剪"操控板，如图 7-53所示。

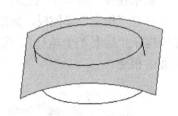
图 7-52　选择修剪曲面

图 7-53　"修剪"操控板

（2）选择图 7-39 中的曲面 1（椭圆筒曲面）作为修剪对象，结果如图 7-54 所示。

此时，在"修剪"操控板上打开"参照"面板，如图 7-55 所示。其中圆弧曲面（F6）作为修剪的面组，椭圆筒曲面（F5）作为修剪对象。

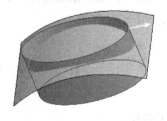
图 7-54　选择修剪对象

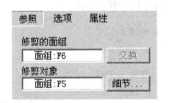
图 7-55　"参照"面板

（3）选择修剪后被保留的侧。单击图形区的箭头可以改变被保留的侧，也可以通过在操控板中单击方向按钮 ⅄ 来改变被保留的侧。这里不做改变，接受默认的保留侧。

此时，在"修剪"操控板上打开"选项"面板，如图 7-56 所示。其中"保留修剪曲面"用于设置在修剪后是否显示修剪对象。勾选"保留修剪曲面"，则修剪结果如图 7-57 所示。取消勾选"保留修剪曲面"，则修剪结果如图 7-58 所示。"薄修剪"用来将修剪对象加厚后再修剪被修剪的面组。取消勾选"保留修剪曲面"，勾选"薄修剪"，并将"薄修剪"的厚度设为 5，如图 7-59 所示，则修剪后的结果如图 7-60 所示。

图 7-56 "选项"面板

图 7-57 "保留修剪曲面"的修剪

图 7-58 取消"保留修剪曲面"

图 7-59 "选项"选项卡

图 7-60 薄修剪结果

（4）单击"修剪"操控板中的 ✓，完成曲面的修剪。

曲面的修剪也可以通过位于其上的曲线来进行，如图 7-61 所示。

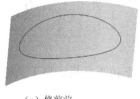

（a）修剪前

（b）修剪后

图 7-61 用曲线修剪曲面

7.3.4 曲面延伸

曲面的延伸是指将曲面延伸到指定的距离或延伸到指定的平面。曲面的延伸操作必须先选取延伸曲面的一条边界线，才可以使用"编辑"菜单中的"延伸"命令。

选择曲面的一条边界线，在菜单栏选择"编辑"→"延伸"，打开如图 7-62 所示的"延伸"操控板。现介绍其中一些选项的功能。

图 7-62 "延伸"操控板

（沿曲面）：沿原始曲面在选定边界线处延伸曲面一定距离。

（延伸至平面）：从选定的边界线开始延伸曲面至指定平面，且延伸部分的曲面与指定平面垂直。

当在操控板中选择 📖（沿曲面）时，可接着单击"选项"，打开如图 7-63 所示的"选项"面板，打开"方法"旁边的下拉菜单，如图 7-64 所示。从中可以选择沿曲面延伸的方法。其中"相同"用于创建与原始曲面相同类型的延伸曲面；"相切"用于创建与原始曲面相切的延伸曲面；"逼近"则用与原始曲面逼近的方式延伸曲面。

图 7-63 "选项"面板

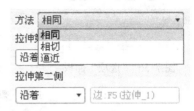

图 7-64 "方法"下拉菜单

7.3.5 曲面偏移

偏移是指将一个曲面或者一条曲线偏移一定的距离来创建一个新的特征。偏移距离可以是恒定的，也可以是可变的。

（1）选择一个曲面，然后在"编辑"下拉菜单中选择"偏移"，打开如图 7-65 所示的"偏移"操控板。

图 7-65 "偏移"操控板

（2）在操控板上单击 📖 右边的 ▼，打开偏移类型下拉工具栏，该工具栏上有以下几种偏移类型：

📖（标准偏移）：将一个曲面、面组或实体面偏移一定的距离，偏移曲面与原曲面平行。

📖（展开偏移）：在偏移曲面与偏移后的曲面之间创建一个连续体积块。当使用"草绘区域"选项时，曲面偏移只发生在曲面的草绘区域内。

📖（拔模偏移）：在曲面上创建带拔模斜度的区域偏移。

📖（替换偏移）：用指定的面组替换指定的实体面。

7.3.6 曲面加厚

曲面的加厚是指将曲面或面组转化为薄板实体特征，如图 7-66 所示。

（a）加厚前　　　　　　　　　（b）加厚后

图 7-66 曲面加厚

在选择了一个面组后，在菜单栏选择"编辑"→"加厚"，打开"加厚"操控板，如图 7-67 所示，其中各主要选项的含义如下：

图 7-67　"加厚"操控板

□：将曲面加厚为实体。

▨：从加厚的面组中切除材料，一般为灰色，表示该选项目前不能使用。

✕：改变加厚的侧。单击该按钮，可以在曲面的一侧、另一侧和两侧三者间循环切换。

打开"选项"面板，如图 7-68 所示，面板上的下拉菜单有以下选项：

图 7-68　"选项"面板

垂直于曲面：垂直于原始曲面来加厚曲面。

自动拟合：相对于自动确定的坐标系，缩放和平移加厚曲面。

控制拟合：通过相对于选定的坐标系缩放原始曲面，然后将其沿指定轴平移，创建"最适合"的情形。

7.3.7　曲面实体化

曲面实体化指用选定的曲面或面组来创建实体。实体化可以实现添加、移除或者替换实体材料。

选取有效的曲面或面组，然后在"编辑"下拉菜单中选择"实体化"，可打开"实体化"操控板，如图 7-69 所示。

图 7-69　"实体化"操控板

□（创建实体）：将封闭曲面或面组几何转化为实体特征。

▨（切除材料）：将曲面或面组作为边界来切除实体材料。

⬠（曲面替换）：用面组替换实体的一部分表面。只有当选定的面组边界位于实体几何上时才可以使用该选项。

7.4　曲面特征造型应用实例

用曲面特征进行产品造型的一般步骤如下：

（1）创建数个单独的曲面。

（2）对曲面进行修剪、切削、偏移等操作。

（3）将各个单独的曲面合并为一个整体的面组。

（4）将曲面（面组）转化为实体零件。

实例1　筷子筒的造型

创建如图 7-70 所示筷子筒的三维实体模型。

（1）创建一个新的零件模式文件，文件名为 sleeve.prt。

（2）创建如图 7-71 所示的 3 条基准曲线。

图 7-70　筷子筒三维模型

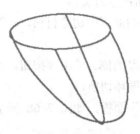

图 7-71　基准曲线

① 创建基准曲线 1。单击工具栏上的 ⟨图标⟩，以 TOP 基准面为草绘平面，接受默认的设置，单击"草绘"按钮进入草绘环境，接受默认的草绘参照，绘制如图 7-72 所示的草绘截面，完成后结束草绘，结果如图 7-73 所示。

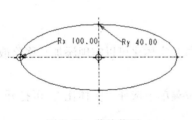

图 7-72　草绘截面

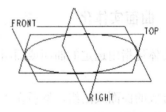

图 7-73　基准曲线 1

② 创建基准点 PNT0、PNT1。单击创建基准点工具 ⟨图标⟩，打开"基准点"对话框，按住 Ctrl 键选择基准曲线 1 和 FRONT 面，结果如图 7-74 所示。在对话框上单击"确定"按钮，完成基准点 PNT0 的创建。按同样的方法创建基准点 PNT1，可在"基准点"对话框中单击 "下一相交"按钮以切换不同的交点，结果如图 7-75 所示。

图 7-74　"基准点"对话框

图 7-75　基准点

③ 创建基准曲线 2。单击 ⟨图标⟩，以 FRONT 基准面为草绘平面，采用默认的设置，进入草绘，打开"草绘"下拉菜单，选择"参照"，然后选择基准点 PNT0 和 PNT1，在"参照"对

话框中单击"关闭"按钮，绘制如图 7-76 所示的截面草图，完成后结束草绘，结果如图 7-77 所示。

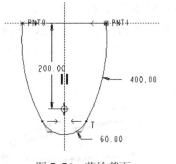

图 7-76 草绘截面

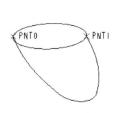

图 7-77 基准曲线 2

④ 创建基准点 PNT2、PNT3、PNT4。单击 ，选择如图 7-78 所示的基准曲线 1 和 RIGHT 面创建基准点 PNT2。按类似方法分别创建基准点 PNT3 和 PNT4，结果如图 7-79 所示。

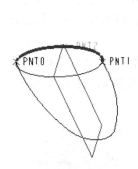

图 7-78 创建基准点 PNT2

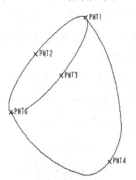

图 7-79 创建的基准点

⑤ 创建基准曲线 3。单击 ，以 RIGHT 基准面为草绘平面，以 FRONT 面为参照，方向为右，进入草绘，添加基准点 PNT2、PNT3 和 PNT4 为草绘参照，然后绘制如图 7-80 所示的草绘截面，结束草绘，结果如图 7-81 所示。

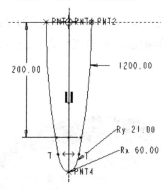

图 7-80 草绘截面

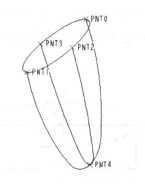

图 7-81 完成的草绘曲线

（3）对曲线 2 和曲线 3 进行修剪。选中曲线 2，在菜单栏选择"编辑"→"修剪"，选择基准点 PNT4 作为修剪对象，单击"修剪"操控板中的"方向"按钮 ，直到出现两个方向的箭头，如图 7-82 所示，将曲线打断成两段。完成修剪后用同样的方法将曲线 3 修剪成两段。

（4）创建边界混合曲面。

① 单击 ，打开"边界混合"操控板，按顺序选择打断后的四段曲线作为第一方向的曲线，然后单击右键，从右键菜单中选择"第二方向曲线"，选择椭圆曲线（曲线 1）作为第二方向曲线，如图 7-83 所示，在"边界混合"操控板上单击"完成"按钮，完成曲面的创建。

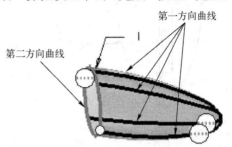

图 7-82 打断曲线　　　　　　　　图 7-83 选择第一、第二方向的曲线

② 在模型树上选择"草绘 1"（曲线 1），单击右键，从右键菜单中选择"隐藏"，隐藏曲线 1，然后在模型上选择"修剪 1"和"修剪 2"，再执行隐藏，将打断后的四段曲线隐藏，结果如图 7-84 所示。

（5）对曲面进行加厚。选择刚才创建的边界混合曲面，然后在菜单栏选择"编辑"→"加厚"，在"加厚"操控板上输入加厚厚度为 2，并切换加厚方向，使加厚方向指向里面。完成加厚后，结果如图 7-85 所示。

图 7-84 隐藏曲线后的曲面　　　　　　　　图 7-85 曲面加厚

（6）创建拉伸切除特征 1。打开"拉伸"操控板，单击 ，以 TOP 面为草绘平面，接受默认的设置，进入草绘，绘制如图 7-86 所示的拉伸截面，拉伸深度为穿透 ，拉伸结果如图 7-87 所示。

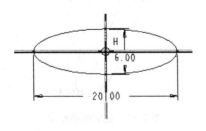

图 7-86 拉伸截面　　　　　　　　图 7-87 拉伸结果

（7）创建扫描伸出项。在菜单栏选择"插入"→"扫描"→"伸出项"，在弹出的菜单中选择"草绘轨迹"，然后选择 RIGHT 面为草绘平面，TOP 面向上为参照，进入草绘，绘制

如图 7-88 所示的轨迹线。结束草绘，系统弹出"属性"菜单，选择"合并端"→"完成"，系统再次进入草绘模式，绘制如图 7-89 所示的扫描截面，结束草绘，结束扫描特征的创建，结果如图 7-90 所示。

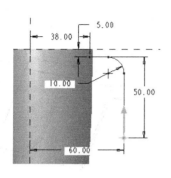

图 7-88　草绘扫描轨迹

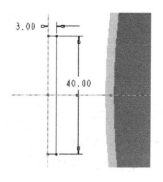

图 7-89　草绘扫描截面

（8）创建拉伸切除特征 2。打开"拉伸"操控板，单击 ◢，选择如图 7-91 所示的面为草绘平面，以 TOP 面向上为参照，进入草绘，绘制如图 7-92 所示的截面，拉伸深度为 5，完成拉伸特征的创建，结果如图 7-93 所示。

图 7-90　扫描结果

图 7-91　选择拉伸特征的草绘面

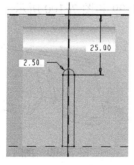

图 7-92　拉伸截面

图 7-93　拉伸结果

（9）创建倒角特征。打开"倒角"操控板，将倒角方式设置为"D1×D2"，将 D1 设置为 5，D2 设置为 10，如图 7-94 所示，然后在图形区选择如图 7-95 所示的两条棱边，完成倒角特征的创建，结果如图 7-96 所示。

图 7-94 "倒角"操控板

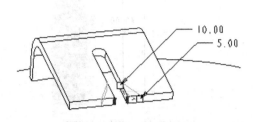

图 7-95 选择两条棱边

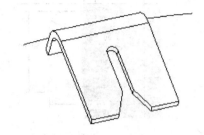

图 7-96 倒角结果

（10）创建倒圆角特征。

① 打开"倒圆角"操控板，输入圆角半径 5，按住 Ctrl 键选择如图 7-97 所示的两条边线，完成倒圆角特征的创建，结果如图 7-98 所示。

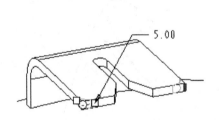

图 7-97 选取倒圆角的边

图 7-98 倒圆角结果

② 按上述同样方法创建其他倒圆角特征，如图 7-99 和图 7-100 所示。

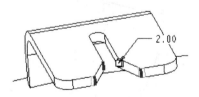

图 7-99 选取倒圆角的边

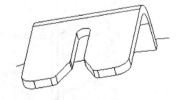

图 7-100 倒圆角结果

（11）完成产品造型，结果如图 7-101 所示，保存文件。

实例 2 吹风机外壳的造型

创建如图 7-102 所示的吹风机外壳的三维实体模型。

图 7-101 筷子筒造型

图 7-102 吹风机外壳三维模型

（1）新建一个零件模型文件，文件名为 blower.prt。

（2）创建基准曲线 1。单击 ，以 TOP 基准面为草绘平面，采用缺省的设置，进入草绘，绘制如图 7-103 所示的截面草图，完成后结束草绘，结果如图 7-104 所示。

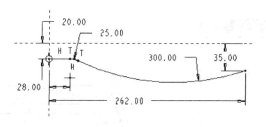

图 7-103 草绘截面

（3）镜像基准曲线 1，得到基准曲线 1（2）。选择刚才创建的曲线 1，在工具栏单击镜像工具 ，打开"镜像"操控板，在图形区选择 FRONT 面作为镜像平面，完成镜像，结果如图 7-105 所示。

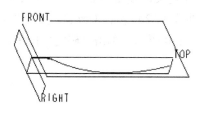

图 7-104 草绘曲线 1

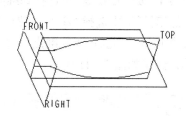

图 7-105 镜像结果

（4）创建草绘基准曲线 2。

① 单击 ，以 RIGHT 基准面为草绘面，TOP 基准面向顶（即向上）为参照，进入草绘。

② 在菜单栏选择"草绘"→"参照"，弹出"参照"和"选取"对话框，在绘图区按住滚轮（中键）拖动，旋转视图，将视图转到如图 7-106 所示的状态，然后选取基准曲线 1 和基准曲线 1（2）的端点作为草绘参照，在"参照"对话框单击"关闭"按钮，完成草绘参照的添加。

③ 单击工具栏上的 ，将视图恢复到草绘方向（即草绘面与电脑屏幕平行）。绘制如图 7-107 所示的半圆，完成后结束草绘（注意：圆弧的两个端点分别与基准曲线 1 和基准曲线 1（2）的端点对齐）。

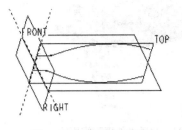

图 7-106　旋转后的视图

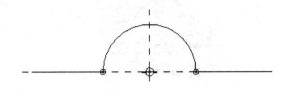

图 7-107　草绘截面

（5）创建基准平面 DTM1。单击 $\square$（创建基准平面），弹出"基准平面"对话框，选取 RIGHT 面作为平移参照，在对话框中输入平移距离 160，如图 7-108 所示，完成基准平面的创建，结果如图 7-109 所示。

图 7-108　基准平面定义对话框

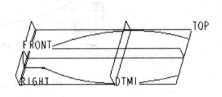

图 7-109　完成的基准平面 DTM1

（6）创建基准点 PNT0 和 PNT1。单击 $\times$，弹出"基准点"对话框和"选取"菜单，选择基准曲线 1，按住 Ctrl 键，再选择基准面 DTM1，即定义曲线 1 与 DTM1 面的交点为 PNT0。在"基准点"对话框中选择"新点"，然后选择基准曲线 1（2），按住 Ctrl 键选择基准面 DTM1，创建基准点 PNT1。此时，"基准点"对话框如图 7-110 所示。单击"确定"按钮，完成基准点的创建，结果如图 7-111 所示。

图 7-110　"基准点"对话框

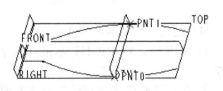

图 7-111　完成的基准点

（7）创建草绘基准曲线 3。单击 $\times$，以 DTM1 基准面为草绘平面，以 TOP 基准面为参照，方向为顶，进入草绘，绘制如图 7-112 所示的截面草图（注意：圆弧的两个端点分别与基准点 PNT0 和基准点 PNT1 对齐）。结束草绘，完成基准曲线 3 的创建，结果如图 7-113 所示。

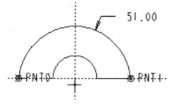

图 7-112　草绘截面

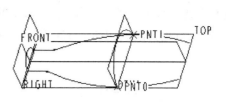

图 7-113　完成的基准曲线 3

（8）创建基准平面 DTM2。单击 ▱，弹出"基准平面"对话框，选择 RIGHT 面，再按住 Ctrl 键，选择基准曲线 1（2）的端点，"基准平面"对话框如图 7-114 所示。完成基准平面的创建，结果如图 7-115 所示。

图 7-114　"基准平面"对话框

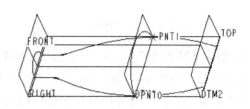

图 7-115　完成的基准平面 DTM2

（9）创建基准曲线 4。单击 ⚇，以 DTM2 基准面为草绘平面，TOP 面向顶为参照，进入草绘，选取基准曲线 1 和基准曲线 1（2）的端点作为草绘参照，绘制如图 7-116 所示的截面草图（注意：圆弧的两个端点分别与基准曲线 1 和基准曲线 1（2）的端点对齐）。完成后结束草绘，完成基准曲线 4 的创建，结果如图 7-117 所示。

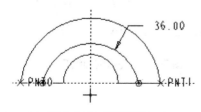

图 7-116　草绘截面

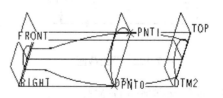

图 7-117　完成的草绘曲线 4

（10）创建基准曲线 5。单击 ⚇，以 TOP 基准面为草绘平面，RIGHT 基准面向右为参照，进入草绘，添加基准曲线 1 和基准曲线 1（2）的端点为草绘参照，绘制如图 7-118 所示的截面草图（注意：圆弧的两个端点分别与基准曲线 1 和基准曲线 1（2）的端点对齐）。完成后结束草绘，完成基准曲线 5 的创建，结果如图 7-119 所示。

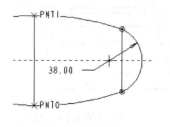

图 7-118　草绘截面

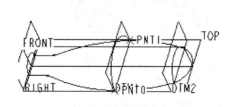

图 7-119　完成的曲线 5

（11）创建基准曲线6。单击 ⚉ ，以 TOP 基准面为草绘平面，以 RIGHT 基准面向右为参照，进入草绘，绘制如图 7-120 所示的截面草图，完成后结束草绘，结果如图 7-121 所示。

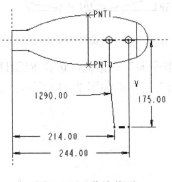

图 7-120　草绘截面

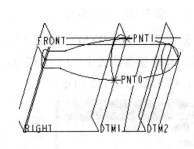

图 7-121　完成的曲线 6

（12）创建基准曲线7。单击 ⚉ ，以 FRONT 基准面为草绘平面，RIGHT 基准面向右为参照，进入草绘，添加基准曲线6的两个端点作为草绘参照，绘制如图 7-122 所示的截面草图，完成后结束草绘，完成的曲线7如图 7-123 所示。

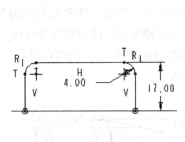

图 7-122　草绘截面

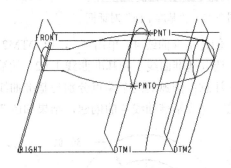

图 7-123　完成的曲线 7

（13）创建基准平面 DTM3。

① 按住 Ctrl 键，在模型树上选择基准平面 DTM1 和 DTM2，然后单击右键，在右键菜单中选择"隐藏"，结果如图 7-124 所示。

② 单击 ⬜ ，弹出"基准平面"对话框，选择 FRONT 面，按住 Ctrl 键，再选择基准曲线6的一个端点，完成基准平面的创建，结果如图 7-125 所示。

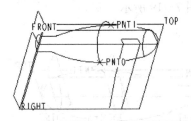

图 7-124　隐藏基准面 DTM1 和 DTM2

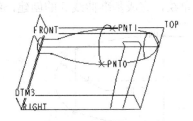

图 7-125　完成的基准平面 DTM3

（14）创建基准曲线 8。

① 单击 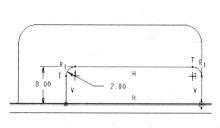，以 DTM3 基准面为草绘平面，以 RIGHT 基准面向右为参照，进入草绘，添加基准曲线 6 的两个端点为草绘参照，绘制如图 7-126 所示的截面草图，完成后结束草绘，完成的曲线 8 如图 7-127 所示。

图 7-126　草绘截面

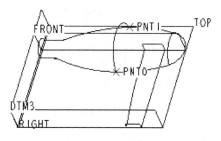

图 7-127　完成的曲线 8

② 在工具栏单击 和 ，关闭基准平面和基准点的显示，结果如图 7-128 所示。

（15）创建边界混合曲面 1。单击工具栏中的 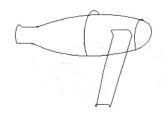，打开"边界混合"操控板，按住 Ctrl 键，按顺序依次选取基准曲线 1 和基准曲线 1（2）作为第一方向的参照曲线，如图 7-129 所示。然后在空白处单击右键，从右键菜单中选择"第二方向曲线"，按住 Ctrl 键，依次选取基准曲线 2、基准曲线 3 和基准曲线 4 作为第二方向的参照曲线，如图 7-130 所示。完成边界混合曲面的创建，结果如图 7-131 所示。

图 7-128　关闭基准面和基准点的显示

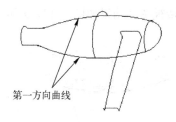

图 7-129　选取第一方向曲线

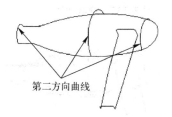

图 7-130　选取第二方向曲线

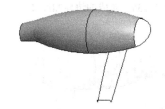

图 7-131　创建的边界混合曲面 1

（16）创建边界混合曲面 2。

① 在工具栏单击 ，打开"边界混合"操控板，按住 Ctrl 键，依次选择基准曲线 4 和基准曲线 5 作为第一方向的边界曲线，如图 7-132 所示。

② 在"边界混合"操控板中单击"约束"，打开"约束"面板，将"方向 1-第一条链"后面的条件设置为"相切"，接着单击激活"图元/曲面"下面的收集器，在绘图区双击选择刚才创建的边界混合曲面 1。再将"方向 1-最后一条链"后面的条件设置为"垂直"，接受"图

元/曲面"区域的缺省设置，即与 TOP 面垂直，设置完成后，"约束"面板如图 7-133 所示。

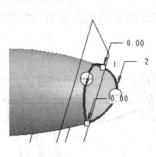

图 7-132　选择曲线　　　　　　　　　　图 7-133　"约束"面板

③ 在操控板上单击☑，完成边界混合曲面 2 的创建，结果如图 7-134 所示。

（17）合并边界混合曲面 1 与边界混合曲面 2。按住 Ctrl 键，选取要合并的边界曲面 1 和边界曲面 2，在菜单栏选择"编辑"→"合并"，打开"合并"操控板，然后单击☑，完成曲面的合并，将曲面 1 与曲面 2 合并成合并面组 1。

（18）创建边界混合曲面 3。单击工具栏中的❑，打开"边界混合"操控板，按住 Ctrl 键，按顺序依次选取基准曲线 7 和基准曲线 8 作为第一方向的边界曲线，在空白处单击右键，从右键菜单中选择"第二方向曲线"，按住 Ctrl 键，依次选取基准曲线 6 的两条曲线作为第二方向的边界曲线，如图 7-135 所示。完成边界混合曲面的创建，结果如图 7-136 所示。按住滚轮，旋转视图，结果如图 7-137 所示。

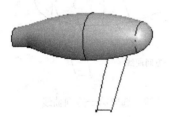

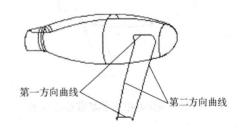

图 7-134　完成的边界曲面 2　　　　　　　图 7-135　选取曲线

图 7-136　完成的曲面 3　　　　　　　　　图 7-137　旋转后的视图

（19）合并边界混合曲面 3。按住 Ctrl 键，选取合并面组 1 与边界混合曲面 3（也可直接在模型树上选择"合并 1"与"边界混合 3"），在菜单栏选择"编辑"→"合并"，在打开的操控板上单击✗，或者直接在绘图区单击箭头，切换方向，以选择合并后要保留的侧，结果如图 7-138 所示。完成曲面的合并，将合并面组 1 与曲面 3 合并为合并面组 2，结果如

图 7-139 所示。

图 7-138　选择保留的侧

图 7-139　合并结果

（20）隐藏曲线。单击工具栏中的 ，切换到层树显示状态，在层树上选择曲线所在的层 "03_PRT_ALL_ CURVES"，如图 7-140 所示，单击右键，在右键菜单中选择 "隐藏"，结果如图 7-141 所示。

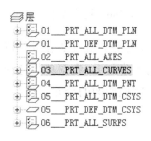

图 7-140　层树

图 7-141　隐藏曲线后的结果

（21）进行曲面的拔模偏移。

① 选取合并面组 2，在菜单栏选择 "编辑" → "偏移"，打开 "偏移" 操控板。

② 在操控板上将偏移类型设置为拔模偏移 ，如图 7-142 所示。

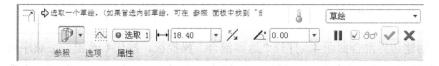

图 7-142　"偏移" 操控板

③ 单击操控板中的 "参照"，打开 "参照" 面板，在其中的 "草绘" 栏单击 "定义" 按钮，打开 "草绘" 对话框，选择 TOP 基准面作为草绘平面，以 RIGHT 面向右为参照，进入草绘，绘制如图 7-143 所示的草绘截面，完成后结束草绘。

④ 输入偏距值 3，拔模角度 15，如图 7-144 所示。必要时，单击 ，切换偏移的方向。

图 7-143　草绘截面

图 7-144　"偏移" 操控板

⑤ 完成曲面的偏移，结果如图 7-145 所示。

（22）创建拉伸曲面特征 1。

① 单击$\square$，打开"拉伸"操控板，在操控板上单击$\square$，以创建拉伸曲面。

② 以 DTM3 基准面为草绘平面，RIGHT 基准面向右为参照，进入草绘，绘制如图 7-146 所示的拉伸截面，完成后结束草绘。

图 7-145　曲面偏移的结果

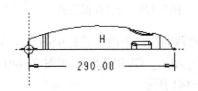

图 7-146　拉伸截面

③ 在操控板上输入拉伸深度为 250，完成拉伸特征的创建，结果如图 7-147 所示。

（23）合并曲面。按住 Ctrl 键，选取合并面组 2 与拉伸曲面 1，在菜单栏选择"编辑"→"合并"。单击操控板上的$\nwarrow$，切换合并后要保留的侧，完成曲面的合并，将合并面组 2 与拉伸曲面 1 合并为合并面组 3，结果如图 7-148 所示。

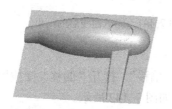

图 7-147　拉伸结果

图 7-148　合并结果

（24）创建边界混合曲面 4。打开"边界混合"操控板，按住 Ctrl 键，按顺序依次选取如图 7-149 所示的两条曲面边线作为第一方向的边界曲线，完成边界混合曲面的创建，结果如图 7-150 所示。

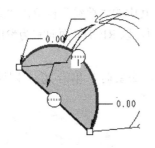

图 7-149　选取第一方向的边界曲线

图 7-150　边界混合结果

（25）创建边界混合曲面 5。

① 打开"边界混合"操控板，按住 Ctrl 键依次选取如图 7-151 所示的两条曲面边线。

② 在操控板上打开"曲线"面板，如图 7-152 所示，单击选择其上的"2 链"，然后单

击下面的"细节"按钮，打开如图 7-153 所示的"链"对话框，在对话框上勾选"基于规则"，接受默认的"相切"选项，如图 7-154 所示，单击"确定"按钮，完成第 2 条链的定义，结果如图 7-155 所示。

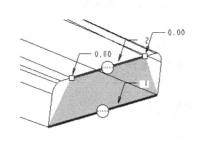

图 7-151　选择边线

图 7-152　"曲线"选项卡

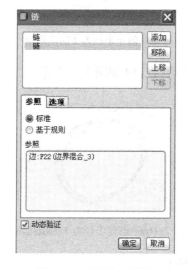

图 7-153　"链"对话框

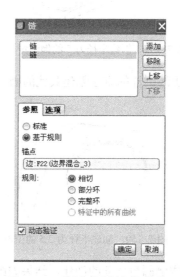

图 7-154　选择对话框中的选项

③ 完成边界混合曲面的创建，结果如图 7-156 所示。

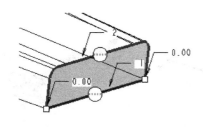

图 7-155　完成第 2 条链的选取

图 7-156　边界混合结果

（26）合并曲面。按住 Ctrl 键，选取合并面组 3 与边界混合曲面 4，在菜单栏选择"编辑"→"合并"。在打开的"合并"操控板上单击☑，完成曲面的合并，将合并面组 3 与边界混合曲面 4 合并为合并面组 4。

（27）合并曲面。按上述同样方法，将合并面组 4 与边界混合曲面 5 合并为合并面组 5。

（28）对合并曲面进行实体化。选择合并面组 5，在菜单栏选择"编辑"→"实体化"，将合并面组 5 转化为实体。

（29）创建倒圆角特征。

① 打开"倒圆角"操控板，在操控板上输入圆角半径 5，在图形区选择如图 7-157 所示的边线。

② 在图形区空白处单击右键，从右键菜单中选择"添加集"，然后在图形区选择要倒圆角的边线，在"倒圆角"操控板上输入半径 2，结果如图 7-158 所示。

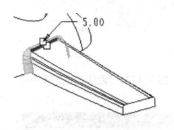

图 7-157　创建半径为 5 的倒圆角

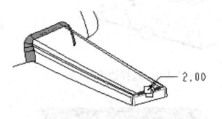

图 7-158　创建半径为 2 的倒圆角

③ 按上述同样的方法创建其他的圆角，分别如图 7-159 和图 7-160 所示。

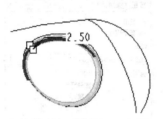

图 7-159　创建半径为 2.5 的倒圆角

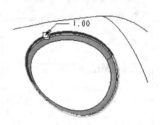

图 7-160　创建半径为 1 的倒圆角

④ 完成倒圆角特征的创建，结果如图 7-161 所示。

（30）创建壳特征。打开"壳"操控板，选择如图 7-162 所示的两个面作为移除面，在操控板上输入壳的厚度为 1。完成壳特征的创建，结果如图 7-163 所示。

图 7-161　倒圆角结果

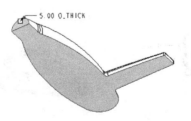

图 7-162　选择移除面

图 7-163　抽壳结果

（31）创建拉伸切除特征。打开"拉伸"操控板，单击，然后以 TOP 面作为草绘平面，以 RIGHT 面向右为参照进入草绘，绘制如图 7-164 所示的截面，结束草绘，切换拉伸的方向，将拉伸深度设置为穿透，完成拉伸切除特征的创建，结果如图 7-165 所示。

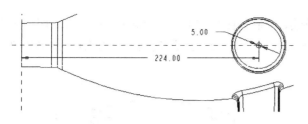

图 7-164　拉伸截面　　　　　　　　　　　　　图 7-165　拉伸结果

（32）阵列拉伸特征。

① 在模型树上选择上一步创建的拉伸特征，单击右键，从右键菜单中选择"阵列"，打开"阵列"操控板，将阵列类型设置为"填充"，如图 7-166 所示。

图 7-166　"阵列"操控板

② 在操控板上单击"参照"，打开"参照"面板，单击"定义"按钮，打开"草绘"对话框，选择 TOP 面作为草绘平面，接受默认的设置，如图 7-167 所示。

③ 单击"草绘"按钮进入草绘环境，单击□绘制如图 7-168 所示的截面作为填充边界。完成后结束草绘。

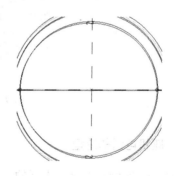

图 7-167　"草绘"对话框　　　　　　　　　图 7-168　草绘截面

④ 在"阵列"操控板上将阵列方式设置为同心圆，阵列成员在圆周上的距离设置为 10，阵列成员中心与草绘边界的距离为 0，栅格的旋转角度为 0，圆形栅格径向间隔为 10，如图 7-169 所示。

图 7-169　"阵列"操控板

⑤ 完成特征的阵列，结果如图 7-170 所示。

（33）创建拉伸切除特征。打开"拉伸"操控板，单击△，然后以 DTM3 面作为草绘平面，以 RIGHT 面向右为参照进入草绘，绘制如图 7-171 所示的截面，截面放大图如图 7-172 所示。结束草绘，切换拉伸方向，输入拉伸深度为 5，完成拉伸特征的创建，结果如图 7-173 所示。

图 7-170　阵列结果

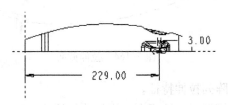

图 7-171　拉伸截面

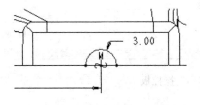

图 7-172　拉伸截面放大图

图 7-173　拉伸结果

（34）完成产品造型，结果如图 7-174 所示。保存文件。

图 7-174　产品造型

实例 3　座机电话的造型

创建如图 7-175 所示的座机电话的三维实体模型。

图 7-175　座机电话

（1）新建一个零件模型文件，名称为 telephone.prt。

（2）创建旋转曲面 1。单击旋转工具 ，打开"旋转"操控板，单击 。然后选择 FRONT 面作为草绘平面，采用默认的设置，进入草绘，绘制如图 7-176 所示的旋转截面，该截面的局部放大图如图 7-177 所示。结束草绘，旋转角度为 360°，完成旋转曲面特征的创建，结果如图 7-178 所示。

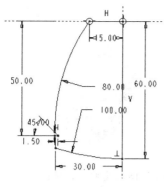

图 7-176　旋转截面

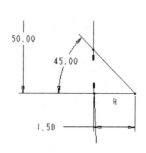

图 7-177　局部放大图

（3）对旋转曲面1进行旋转变换。

① 选择旋转曲面 1，单击⬚复制，再单击⬚粘贴，打开"选择性粘贴"对话框，在对话框中选中"对副本应用移动/旋转变换"，如图 7-179 所示。单击"确定"按钮，打开"变换"操控板，如图 7-180 所示。

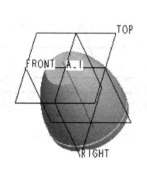

图 7-178　旋转结果

图 7-179　"选择性粘贴"对话框

图 7-180　"交换"操控板

② 在操控板上单击⬚旋转，在图形区选择坐标系的 Z 轴作为旋转参照，输入旋转角度16，结果如图 7-181 所示。

图 7-181　"交换"操控板

③ 在操控板上单击✔，完成旋转变换，结果如图 7-182 所示。

（4）隐藏旋转曲面1。在模型树上选择旋转曲面特征"旋转1"，单击右键，从右键菜单中选择"隐藏"，结果如图 7-183 所示。

图 7-182　旋转变换结果

图 7-183　隐藏旋转曲面 1

（5）创建基准平面 DTM1。单击创建基准平面工具按钮 $\square$，打开"基准平面"对话框，选择 RIGHT 面，输入偏移距离-85，结束基准平面 DTM1 的创建，结果如图 7-184 所示。

（6）镜像曲面。在图形区选择变换后的曲面（或在模型树上选择"已移动副本 1"），单击镜像工具)[(，打开"镜像"操控板，选择 DTM1 面作为镜像平面，完成镜像操作，结果如图 7-185 所示。

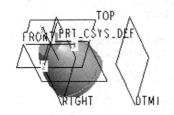

图 7-184　创建基准平面 DTM1

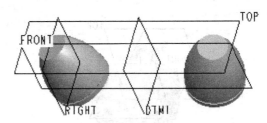

图 7-185　镜像结果

（7）创建扫描曲面。

① 在菜单栏选择"插入"→"扫描"→"曲面"，打开"扫描"对话框和"扫描轨迹"菜单，在菜单中选择"草绘轨迹"，然后选择 FRONT 面作为草绘平面，在弹出的"方向"菜单选择"确定"，接受目前的草绘方向，在弹出的"草绘视图"菜单中选择"顶"，再选择 TOP 面，即以 TOP 面向上作为参照。系统进入草绘环境。

② 绘制如图 7-186 所示的曲线作为扫描轨迹，完成后单击 ✔，系统弹出"属性"菜单，选择"开放端"→"完成"，系统自动进入扫描截面的草绘环境，绘制如图 7-187 所示的扫描截面，完成后结束草绘。

③ 完成扫描特征的创建，结果如图 7-188 所示。

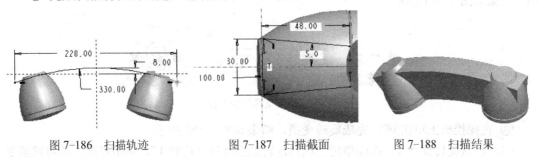

图 7-186　扫描轨迹　　　　　　图 7-187　扫描截面　　　　　　图 7-188　扫描结果

（8）创建拉伸曲面。打开"拉伸"操控板，单击▢，然后选择 FRONT 面作为草绘平面，以 RIGHT 面向右为参照，进入草绘，绘制如图 7-189 所示的拉伸截面，结束草绘。拉伸深度类型为▣，深度为 80。完成拉伸曲面的创建，结果如图 7-190 所示。

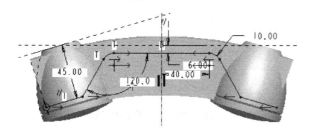

图 7-189　拉伸截面

图 7-190　拉伸结果

（9）合并曲面。按住 Ctrl 键，选择刚才创建的扫描曲面和拉伸曲面，单击合并工具▢，打开"合并"操控板，在操控板上或者图形区切换各曲面保留的侧，结果如图 7-191 所示。完成曲面的合并，结果如图 7-192 所示。

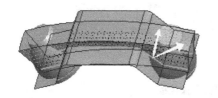

图 7-191　切换保留的侧

图 7-192　合并结果

（10）实体化曲面。

① 选择旋转变换曲面（或在模型树上选择"已移动副本 1"），在菜单栏选择"编辑"→"实体化"，打开"实体化"操控板，在操控板上单击☑，完成曲面的实体化。

② 按同样方法完成镜像曲面的实体化操作。

③ 选择合并曲面（可在模型树上选择"合并 1"），然后按上述同样方法对曲面进行实体化，结果如图 7-193 所示。

（11）复制曲面。

① 单击绘图区右上方的过滤器，打开下拉菜单，如图 7-194 所示，然后选择"几何"。

图 7-193　实体化结果

图 7-194　过滤器下拉菜单

② 在绘图区选择如图 7-195 所示的实体表面。

③ 单击工具栏中的▣复制，再单击▣粘贴，打开"复制"操控板，接受默认的设置，单击☑，结束复制。

（12）对曲面进行替换偏移。

① 选择如图 7-196 所示的实体表面，在菜单栏选择"编辑"→"偏移"，打开"偏移"
操控板。

图 7-195　选择实体表面　　　　　　　　　图 7-196　选择实体表面

② 将偏移类型设置为替换偏移 ，然后选择上一步复制的曲面作为替换面组。

③ 在"偏移"操控板上单击"选项"，打开"选项"面板，选中"保持替换面组"（因
为后面还有一次替换偏移要用到该曲面），如图 7-197 所示。

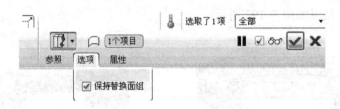

图 7-197　"偏移"操控板

④ 完成曲面的替换偏移，结果如图 7-198 所示。

⑤ 按照同样方法完成另一个曲面的替换偏移，这次偏移可不选中"保持替换面组"，结
果如图 7-199 所示。

图 7-198　完成一个曲面的偏移　　　　　　图 7-199　完成两个曲面的偏移

（13）对曲面进行展开偏移。按住 Ctrl 键，选择如图 7-200 所示的 5 个实体表面，在
菜单栏选择"编辑"→"偏移"，打开"偏移"操控板，在操控板上将偏移类型设置为展
开偏移 ，输入偏移值为 10，结果如图 7-201 所示。完成曲面的展开偏移，结果如图 7-202
所示。

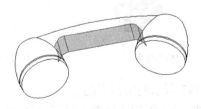

图 7-200　选取偏移曲面

图 7-201 "偏移"操控板

（14）创建倒圆角特征。

① 打开"倒圆角"操控板，按住 Ctrl 键选择如图 7-203 所示的两条边线，在"倒圆角"操控板上输入半径 3。

图 7-202 展开偏移结果

图 7-203 选取倒圆角的边

② 在图形区空白处单击右键，从右键菜单中选择"添加集"，然后选择如图 7-204 所示的两条边线，在"倒圆角"操控板上输入半径 5。

③ 按同样方法，完成如图 7-205、图 7-206 和图 7-207 所示的倒圆角。

④ 在"倒圆角"操控板上单击☑，完成倒圆角特征的创建，结果如图 7-208 所示。

（15）完成座机电话的造型，结果如图 7-209 所示。保存文件。

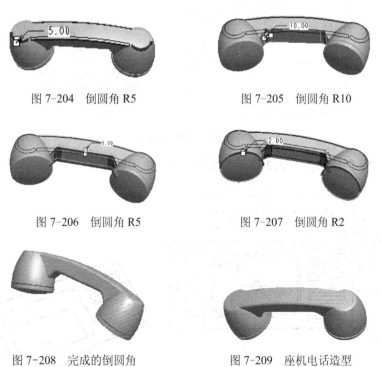

图 7-204 倒圆角 R5 　　　　　　　　　图 7-205 倒圆角 R10

图 7-206 倒圆角 R5 　　　　　　　　　图 7-207 倒圆角 R2

图 7-208 完成的倒圆角 　　　　　　　图 7-209 座机电话造型

7.5 曲面特征造型练习

（1）练习 1：创建如图 7-210 所示旋钮零件的三维实体模型。

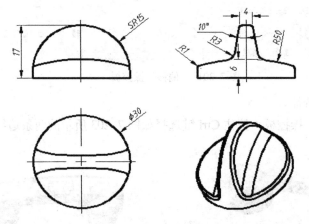

图 7-210　旋钮零件

（2）练习2：创建如图7-211所示的香皂盒零件的三维实体模型。

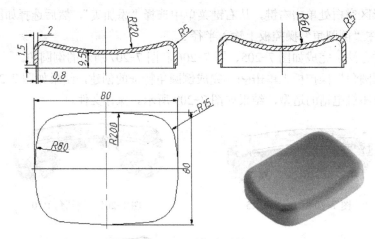

图 7-211　香皂盒零件

（3）练习3：创建如图7-212所示水槽零件的三维实体模型。

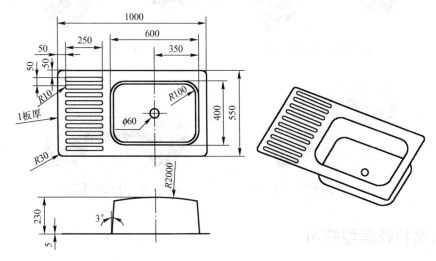

图 7-212　水槽零件

（4）练习 4：创建如图 7-213 所示相机壳凸模零件的三维实体模型，其三维模型如图 7-214 所示。

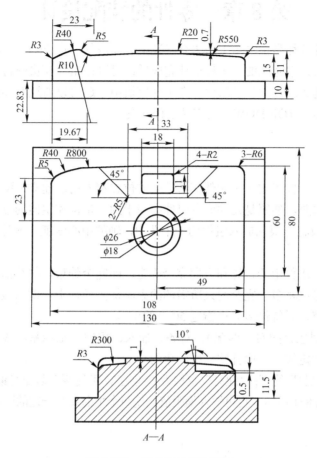

图 7-213　相机壳凸模零件图

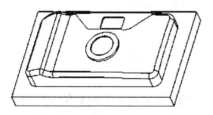

图 7-214　相机壳凸模零件三维模型

第8章 零件的装配设计

一台机器或部件往往是由多个零件组合（装配）而成的。在 Pro/E 中，零件的装配是在组件模块（装配模块）中完成的。零件设计完成后，可以在组件模块中将其装配起来，也可以在装配模块中创建新的元件和子组件。在组件模块中，还可以通过骨架模型来设计产品，通过骨架模型可以实现 TOP-DOWN 的产品全程开发。

8.1 装配约束

通过装配约束，可以指定一个元件在组件中的位置和方向。建立装配约束，需要选取元件的参照和组件的参照，参照是元件或者组件中用于约束定位和定向的点、线、面。例如通过对齐（Align）约束将一根轴放入组件的一个孔中，轴的中心线就是元件参照，而孔的中心线就是组件参照。

要使一个元件在组件中的位置和方向完全确定，即完全约束，往往需要定义多个装配约束。在 Pro/E 中，可以将多于完全约束所需的约束添加到元件上，即从数学的角度来说，元件的位置已完全约束，系统最多允许指定 50 个约束。

装配约束的类型包括配对（匹配）、对齐、插入、相切、坐标系、线上点、曲面上点、曲面上边、默认、固定等。下面介绍这些约束的功能。

（1）"配对（匹配）"约束："配对"也称为"匹配"，可使两个装配对象中的两个平面重合并且朝向相反，如图 8-1 所示。也可输入偏距值，使两个平面离开一定的距离，如图 8-2 所示。

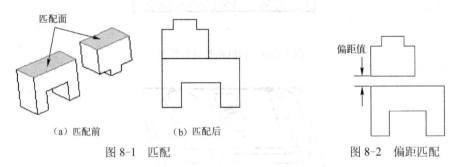

图 8-1 匹配　　　　　　　　　　　　　　图 8-2 偏距匹配

（2）"对齐"约束："对齐"约束可使两个装配对象中的两个平面重合并且朝向相同方向，如图 8-3 所示；也可输入偏距值，使两个平面离开一定的距离，如图 8-4 所示。"对齐"约束也可使两条轴线同轴，或者两个点重合。另外，"对齐"约束还能使两条边或两个旋转曲面对齐。

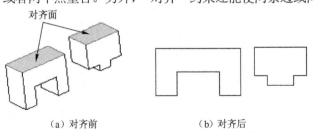

图 8-3 对齐

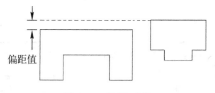

图 8-4　偏距对齐

（3）"插入"约束："插入"约束可使两个装配对象中的两个旋转面的轴线重合，如图 8-5 所示。两个旋转曲面的直径不要求相等。当轴线选取不方便时，可以用"插入"约束。

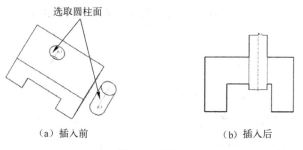

（a）插入前　　　　　　　　　　（b）插入后

图 8-5　插入

（4）"相切"约束："相切"约束可控制两个曲面相切，如图 8-6 所示。

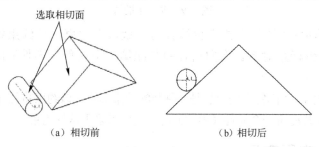

（a）相切前　　　　　　　　　　（b）相切后

图 8-6　相切

（5）"坐标系"约束："坐标系"约束可使两个坐标系重合，即一个坐标系中的 X 轴、Y 轴和 Z 轴与另一个坐标系中的 X 轴、Y 轴和 Z 轴分别重合。

（6）"线上点"约束："线上点"约束可将一个点与一条线对齐，如图 8-7 所示。"线"可以是零件或组件上的边线、轴线或基准曲线。"点"可以是零件或组件上的顶点或基准点。

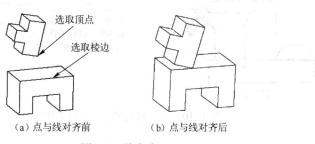

（a）点与线对齐前　　　　　　　（b）点与线对齐后

图 8-7　线上点

（7）"曲面上的点"约束："曲面上的点"约束可使一个点和一个曲面对齐，如图 8-8 所示。

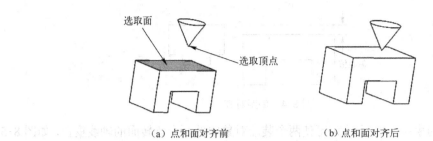

（a）点和面对齐前　　　　　　（b）点和面对齐后

图 8-8　曲面上的点

（8）"曲面上的边"约束："曲面上的边"约束可将一个曲面与一条边线对齐，如图 8-9 所示。

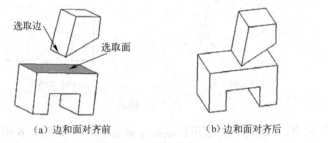

（a）边和面对齐前　　　　　　（b）边和面对齐后

图 8-9　曲面上的边

（9）"缺省"约束："缺省"约束也被称为"默认"约束，该约束将元件上的默认坐标系与组件的默认坐标系对齐。当向组件中装配第一个元件（零件）时，常常采用这种约束。

（10）"固定"约束："固定"约束也是一种装配约束形式，该约束将元件固定在图形区的当前位置。当向组件中装配第一个元件（零件）时，也可以采用这种约束。

8.2　装配设计应用实例

创建千斤顶的装配文件，其装配示意图如图 8-10 所示，各装配零件的零件图请查看第 4 章的图 4-88 和图 4-89。

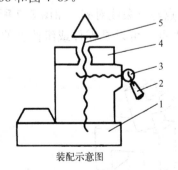

工作原理

　　千斤顶是可以使重物升降的部件，它由底座、手柄、定位螺钉、调节螺母和螺杆顶针所组成，使用时，将定位螺钉头部旋入螺杆顶针的槽中，使其定位，不可转动。用手转动调节螺母时，螺杆顶针就上升或下降。从而达到升起或卸下重物的目的。

装配示意图

图 8-10　千斤顶装配示意图与工作原理

1．设置工作目录

在硬盘上创建一个文件夹，文件夹名可设为"Jack"（也可用中文名如"千斤顶"），然后启动 Pro/E 软件，设置该文件夹为工作目录。

2．创建各装配零件的文件

进入零件模式，完成各装配零件的创建。如果已经有现成的装配零件，可直接将装配零件的文档复制到工作目录。

3．新建一个组件文件

（1）在菜单栏选择"文件"→"新建"，弹出"新建"对话框。

（2）在"新建"对话框中"类型"栏中选择"组件"，子类型采用默认的"设计"。"名称"后面的文本框中输入文件名"Jack"，取消"使用缺省模板"项勾选（缺省模板一般为英制单位），完成设置后，"新建"对话框如图 8-11 所示。

（3）在"新建"对话框中单击"确定"按钮，弹出"新文件选项"对话框，在对话框中选取公制模板"mmns_asm_design"，如图 8-12 所示。

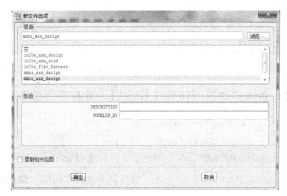

图 8-11 "新建"对话框　　　　　　　　图 8-12 "新文件选项"对话框

（4）在"新文件选项"对话框中单击"确定"按钮，进入装配模式，如图 8-13 所示。

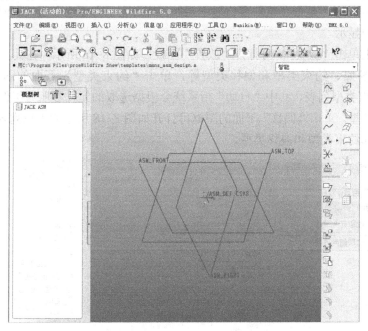

图 8-13 装配模式工作界面

4. 装配第一个零件——底座

（1）在菜单栏选择"插入"→"元件"→"装配"，或者在工具栏单击🔧，弹出"打开"对话框，如图 8-14 所示。从文件列表中选择"dizuo.prt"，然后单击"打开"按钮。

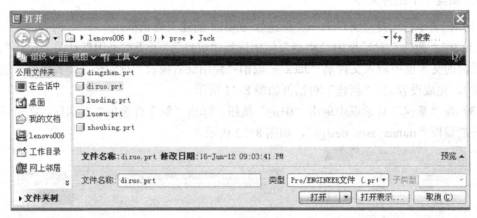

图 8-14 "打开"对话框

（2）系统自动返回组件工作窗口，并打开"装配"操控板，如图 8-15 所示。

图 8-15 "装配"操控板

🔲：装配元件时，是否在单独窗口显示元件。元件可以在单独窗口进行放大、缩小和旋转等操作，从而方便选取元件参照。

🔳：装配元件时，是否在组件窗口显示元件。有时为了方便选取组件参照，可以取消元件在组件窗口的显示。

在操控板上单击"放置"，可打开"放置"面板，如图 8-16 所示，在其上可以定义元件与组件的约束参照、约束类型和偏移类型等，单击"约束类型"下面的图框可打开如图 8-17 所示的约束类型列表，其中"自动"指系统会根据选取的元件参照与组件参照的不同而自动选择约束类型。单击"偏移"下面的图框可打开如图 8-18 所示的下拉列表，也可以直接在操控板上选择约束类型和偏移类型。

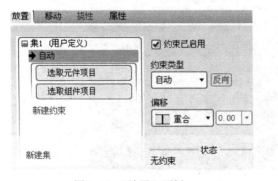

图 8-16 "放置"面板

图 8-17 约束类型列表

图 8-18　偏移类型列表

在图 8-15 所示的操控板上将约束类型设置为"缺省"，约束状态显示为完全约束，如图 8-19 所示，单击 ✔，完成第一个元件的装配，结果如图 8-20 所示。

图 8-19　"装配"操控板

5．装配第二个零件——调节螺母

（1）在工具栏单击 🗔，打开"luomu.prt"文件。

（2）在"装配"操控板上单击 🗗，在单独窗口打开元件，如图 8-21 所示。在单独窗口按住滚轮拖动，将视图旋转到合适的角度，然后选择如图 8-22 所示的面作为元件的约束参照。

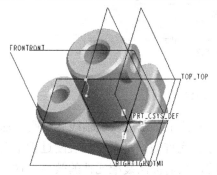

图 8-20　装配第一个元件

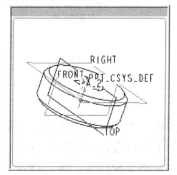

图 8-21　在单独窗口显示元件

（3）单击 🔲，关闭元件在组件窗口的显示。在组件窗口选取如图 8-23 所示的面作为组件的约束参照。

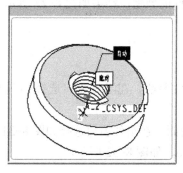

图 8-22　选取元件参照面

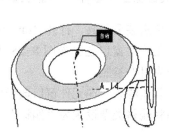

图 8-23　选取组件参照面

（4）在组件窗口空白处单击右键，从右键菜单中选择"新建约束"，或者在"放置"面板上单击"新建约束"，即可以添加新的约束，选择如图 8-24 所示的轴作为元件参照，选择如图 8-25 所示的轴作为组件参照，此时"放置"面板如图 8-26 所示，约束状态为完全约束。

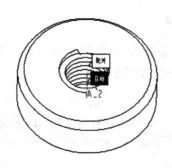

图 8-24　选取元件参照轴

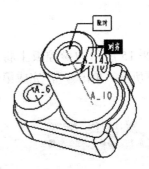

图 8-25　选取组件参照轴

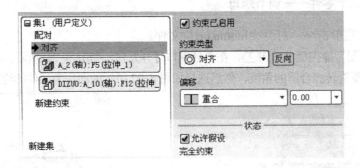

图 8-26　"放置"面板

注意：为什么约束状态已经是完全约束了呢？元件不是还可以绕轴线旋转吗？这是由于启用了允许假设，如图 8-26 中的"状态"栏所示。允许假设是系统在装配过程中自动假设存在某个装配约束，使元件达到完全约束状态的，从而提高装配元件的效率。这里实际上是系统假设存在一个控制螺母旋转的约束的。此时如果取消允许假设，约束状态会显示为部分约束。如果用户添加足够多的约束，使元件能够达到完全约束的话，系统会自动取消允许假设。

（5）在"装配"操控板上单击☑，结束第二个零件的装配，结果如图 8-27 所示。

6．装配第三个零件——螺杆顶针

（1）单击装配工具，打开"dingzhen.prt"文件。

（2）在元件窗口选择如图 8-28 所示的轴作为元件参照，在组件窗口选择如图 8-29 所示的轴作为组件参照。

（3）新建约束，在元件窗口选择如图 8-30 所示的面，在组件窗口选择如图 8-31 所示的面，然后将偏移类型设置为"偏移"，输入偏移距离 20，如图 8-32 所示。

图 8-27　装配结果

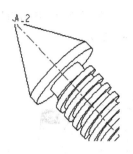

图 8-28　选取元件参照轴

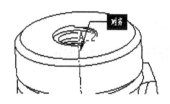

图 8-29　选取组件参照轴

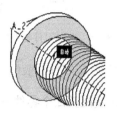

图 8-30　选取元件参照面

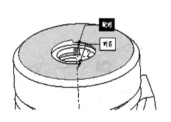

图 8-31　选取组件参照面

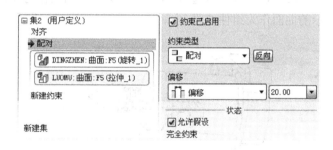

图 8-32　"放置"面板

（4）元件已经完全约束，结束元件的装配，结果如图 8-33 所示。

注意：从图 8-33 可以看到，螺杆顶针的定位槽的方向不对，因此需要添加新的约束来对螺杆顶针进行定向。

（5）在模型树上选择零件"DINGZHEN.PRT"，然后单击右键，从右键菜单中选择"编辑定义"，重新打开"元件装配"操控板。

（6）在"放置"面板上单击"新建约束"，然后在元件窗口选择如图 8-34 所示的面，在

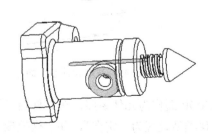

图 8-33　装配结果

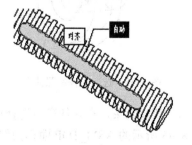

图 8-34　选取元件参照面

组件窗口选择如图 8-35 所示的面，将约束类型设置为"对齐"，将偏移类型设置为"定向"，结果如图 8-36 所示。

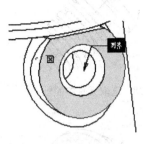

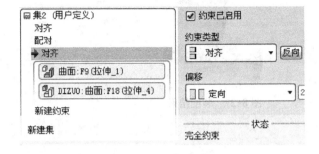

图 8-35　选取组件参照面　　　　　　　　　　图 8-36　"放置"面板

（7）完成零件的装配，结果如图 8-37 所示。螺杆顶针定位槽的方向正确。

7．装配第四个零件——定位螺钉

（1）单击装配工具，打开"luoding.prt"文件。

（2）在元件窗口选择如图 8-38 所示的曲面作为元件参照，在组件窗口选择如图 8-39 所示的曲面作为组件参照。

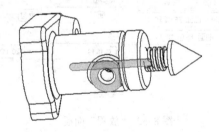

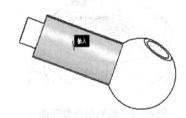

图 8-37　完成螺杆顶针的装配　　　　　　　图 8-38　选取元件参照曲面

（3）新建约束，在元件窗口选择如图 8-40 所示的端面作为元件参照，在组件窗口选择如图 8-41 所示的定位槽底面作为组件参照，并将偏移类型设置为重合。

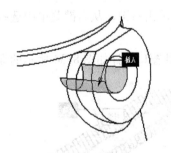

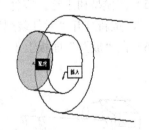

图 8-39　选取组件参照曲面　　　　　　　　图 8-40　选取元件参照面

（4）新建约束，在元件窗口选择如图 8-42 所示 TOP 面作为元件参照，在组件窗口选择如图 8-43 所示的 ASM_TOP 面作为组件参照，将偏移类型设置为"定向"，并在操控板上单击方向按钮 ，或者在"放置"面板上单击"反向"按钮，改变元件的方向，使孔的方向朝下，完成后"放置"面板如图 8-44 所示。

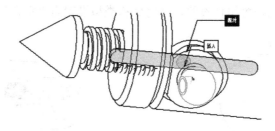

图 8-41　选取组件参照面

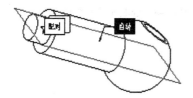

图 8-42　选取元件参照面

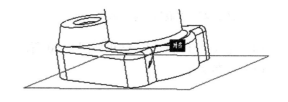

图 8-43　选取组件参照面

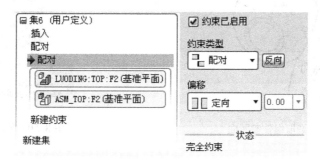

图 8-44　"放置"面板

（5）完成元件的装配，结果如图 8-45 所示。

8．装配第五个零件——手柄

（1）单击装配工具，打开"shoubing.prt"文件。

（2）在元件窗口选择如图 8-46 所示的 A_2 轴作为元件参照，在组件窗口选择如图 8-47 所示的 A_8 轴作为组件参照。

图 8-45　装配结果

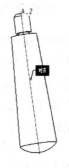

图 8-46　选取元件参照轴

（3）新建约束，在元件窗口选择如图 8-48 所示的面作为元件参照，在组件窗口选择如图 8-49 所示的孔的端面作为组件参照，并将偏移类型设置为"重合"。

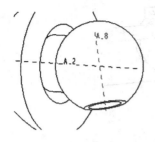

图 8-47　选取组件参照轴

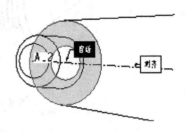

图 8-48　选取元件参照面

（4）完成元件的装配，结果如图 8-50 所示。
（5）保存文件。

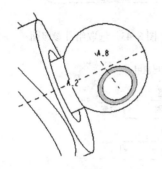

图 8-49　选取组件参照面

图 8-50　装配结果

8.3　视图的管理

在实际工作中，为了设计方便和提高工作效率，或为了更清晰地了解模型的结构，我们可以建立各种各样的视图，如"简化表示"视图、"样式"视图、"分解"视图、"定向"视图，以及这些视图的组合等，这些视图都可以通过"视图管理器"来实现。下面以千斤顶的组件为例来介绍常用视图的创建方法。

8.3.1　组件的分解视图

组件的分解视图也叫爆炸图，就是将组件中的各零部件沿着直线或轴线移动或旋转，使各个零部件从组件中分解出来。爆炸图有助于直观地表达组件内部的组成结构和各零件之间的装配关系，常用于装配作业指导、工艺说明、产品说明等环节。

（1）在菜单栏选择"视图"→"视图管理器"，或者在工具栏单击 ，可打开"视图管理器"对话框，单击"分解"，切换到"分解"选项卡，如图 8-51 所示。

（2）单击"新建"按钮，输入分解视图的名称，也可采用默认的名称，然后回车。单击对话框左下方的"属性"按钮，进入分解视图编辑界面，如图 8-52 所示。

图 8-51 "分解"选项卡

图 8-52 分解视图编辑界面

（3）单击 ⚙（编辑位置），打开"编辑位置"操控板，如图 8-53 所示，接受默认的设置。下面介绍操控板上一些选项的功能。

图 8-53 "编辑位置"操控板

🔲：将零部件沿参照进行平移。

🔄：将零部件沿参照进行旋转。

🔲：将零部件绕视图平面移动。

✏：创建修饰偏移线。

🔳：将视图状态设置为已分解或未分解。

（4）分解螺杆顶针。在绘图区单击螺杆顶针，系统弹出如图 8-54 所示的坐标系，将鼠标指针移到要沿其移动的 X 轴上，该轴会加亮显示，如图 8-55 所示，然后按住左键不放，上下拖动，即可使螺杆顶针沿着 X 轴移动。将螺杆顶针沿 X 轴移动到如图 8-56 所示的位置，松开左键，完成螺杆顶针的移动。必要时可重复上述操作继续移动螺杆顶针，直至移到合适的位置。

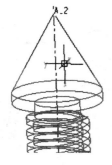

图 8-54 系统弹出的坐标系

图 8-55 X 轴加亮显示

（5）分解调节螺母。按与上述（4）相似的方法将螺母移动到如图 8-57 所示位置。

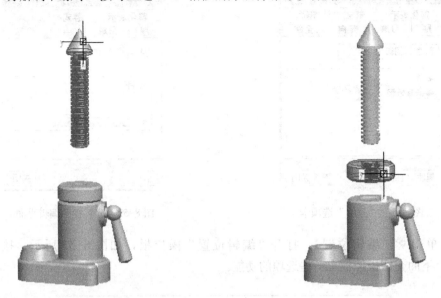

图 8-56　螺杆顶针沿 X 轴移动　　　　　　　　　　　　图 8-57　移动螺母

（6）分解定位螺钉与手柄。按住 Ctrl 键选择手柄和螺钉，系统在螺钉上弹出螺钉的坐标系，如图 8-58 所示，用鼠标按住 X 轴，将螺钉和手柄移动到如图 8-59 所示的位置。

注意：当按住 Ctrl 键选择多个元件进行分解时，系统会在最后一个元件上弹出坐标系。

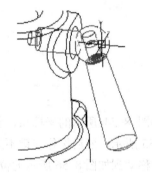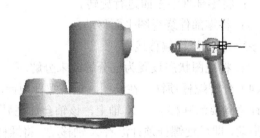

图 8-58　系统弹出的坐标系　　　　　　　　　　　图 8-59　移动螺钉和手柄

（7）继续分解定位螺钉与手柄。单击螺钉，用鼠标按住 Y 轴移动到如图 8-60 所示的位置，单击手柄，用鼠标按住 X 轴移动到如图 8-61 所示的位置。

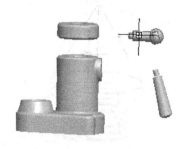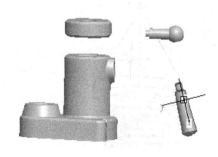

图 8-60　移动螺钉　　　　　　　　　　　　图 8-61　移动手柄

（8）创建偏移线。

① 在操控板上单击✐（创建偏移线），打开如图 8-62 所示的"修饰偏移线"对话框。

② 选择如图 8-63 所示螺杆顶针的 A_2 轴，再选择如图 8-64 所示底座的 A_10 轴，在"修饰偏移线"对话框中单击"应用"按钮，结果如图 8-65 所示。

图 8-62 "修饰偏移线"对话框

图 8-63 选取 A_2 轴

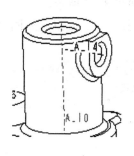

图 8-64 选取 A_10 轴

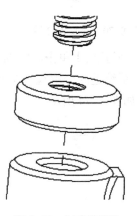

图 8-65 创建偏移线

③ 继续选择如图 8-66 所示底座的 A_14 轴和如图 8-67 所示定位螺钉的 A_6 轴，然后在"修饰偏移线"对话框中单击"应用"按钮，结果如图 8-68 所示。

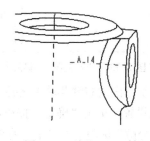

图 8-66 选取 A_14 轴

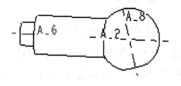

图 8-67 选取 A_6 轴

④ 选择如图 8-69 所示定位螺钉的 A_8 轴和如图 8-70 所示的手柄 A_2 轴，单击"应用"按钮，结果如图 8-71 所示。

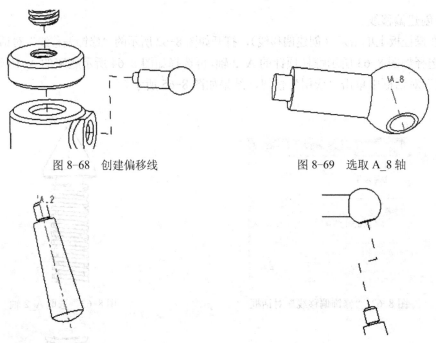

图 8-68 创建偏移线	图 8-69 选取 A_8 轴

图 8-70 选取 A_2 轴

图 8-71 创建偏移线

（9）在操控板上单击 ✔，完成千斤顶的分解视图，结果如图 8-72 所示。

（10）系统返回分解视图编辑界面，如图 8-73 所示，单击 《 ... 按钮，返回"分解"选项卡，如图 8-74 所示。

图 8-72 分解视图

图 8-73 分解视图编辑界面

（11）选择分解视图名称"Exp0001"，然后单击右键，从弹出的右键菜单中选择"保存"，弹出如图 8-75 所示"保存显示元素"对话框，接受默认的设置，单击"确定"按钮，完成分解视图的保存，这样分解视图会和模型文件一起保存。在"分解"选项卡上单击"关闭"按钮，完成分解视图的创建。

8.3.2 样式视图

在组件中可以将不同元件设置成不同的显示样式，以清楚表达组件的结构和元件之间的装配关系。元件的显示样式有线框、隐藏线、无隐藏线和着色 4 种。

图 8-74 "分解"选项卡

图 8-75 "保存显示元素"对话框

（1）打开"视图管理器"对话框，单击"样式"，切换到"样式"选项卡，如图 8-76 所示。

（2）单击"新建"按钮，输入样式视图的名称，也可直接采用缺省的名称，然后回车，打开如图 8-77 所示的"编辑"对话框，其中"遮蔽"选项卡用来指定要遮蔽的元件，元件遮蔽后将不在图形区显示出来。

图 8-76 "样式"选项卡

图 8-77 "编辑"对话框

（3）单击"显示"，切换到"显示"选项卡，如图 8-78 所示，在该选项卡上选择"透明"，接着在图形区单击选择底座零件，然后在显示选项卡上选择"消隐"，接着在图形区选择调节螺母，在选项卡上选择"着色"，在图形区选择螺杆顶针。按上述同样方法，将手柄设置为"着色"，将定位螺钉设置为"线框"。完成设置后，模型树如图 8-79 所示。

图 8-78 "显示"选项卡

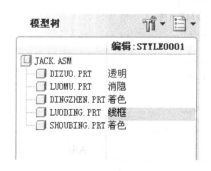

图 8-79 模型树

（4）完成上述设置后，在"显示"选项卡上单击 ✔，完成显示样式的设置，结果如图 8-80 所示。

（5）系统返回"样式"选项卡。打开"编辑"后的下拉菜单，选择"保存"按钮，打开如图 8-81 所示的"保存显示元素"对话框，接受默认的设置，单击"确定"按钮，完成样式视图的保存。在"视图管理器"对话框单击"关闭"按钮，完成样式视图的创建。

图 8-80　显示样式　　　　　　　　图 8-81　"保存显示元素"对话框

8.3.3　定向视图

定向视图用于将模型或组件以指定的方向进行放置，从而可以方便地观察或为将来生成工程图做准备。

打开"视图管理器"对话框，单击"定向"，切换到"定向"选项卡，如图 8-82 所示。在"名称"栏列出了已有的视图名称，前面有红色箭头的视图为当前活动视图，如当前活动视图为"缺省方向"。在视图名称上双击，可以将该视图设置为当前活动视图。

单击"新建"按钮，输入视图名称或接受默认的视图名称，回车。打开"编辑"后的下拉菜单，从中选择"重定义"，系统弹出如图 8-83 所示的"方向"对话框。默认的定向类

图 8-82　"定向"选项卡　　　　　　　图 8-83　"方向"对话框

型为"按参照定向"，即通过指定两个有效参照的方位来对模型视图定向。例如，将"参照 1"的方向设置为"上"，选择底座左边凸台的上端面作为参照，然后将"参照 2"的方向设置为"右"，选择底座上定位螺钉孔的右端面作为参照，如图 8-84 所示，定向结果如图 8-85 所示，在"方向"对话框中单击"确定"按钮，系统返回视图管理器的"定向"选项卡。在"视图管理器"对话框单击"确定"按钮，完成定向视图的创建。

图 8-84　选取定向参照

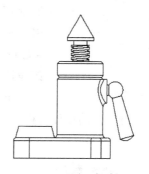

图 8-85　定向结果

也可以在图形区按住滚轮（中键）拖动，将视图旋转到合适的角度，如旋转到如图 8-86 所示的方向，然后在视图管理器的"定向"选项卡上单击"新建"按钮，输入视图名称如 V1，回车，就可以将图 8-86 所示的视图命名为 V1。

定向视图也可以通过单击工具栏中的 （重定向）打开如图 8-87 所示的"方向"对话框来实现，这里就不再赘述了。

图 8-86　旋转视图

图 8-87　"方向"对话框

8.4　香皂盒的 Top-Down 设计

目前利用 Pro/E 进行项目设计主要有以下两种方法。

（1）Down-Top（自底向上）设计。该方法先在零件模式下设计各个零部件，然后在组件模式下像搭积木一样将各个零部件装配成最终的产品。这种方法适用于零部件之间不存在任何参数关联，仅仅存在简单装配关系的情况下。

（2）Top-Down（自顶向下）设计。Top-Down 设计是一个产品的开发过程，从产品的概念设计开始，逐步地将产品定位设计，最终设计成为具有完整零部件的产品。Top-Down 设计的核心是将产品的关键信息放在一个骨架模型上，在设计过程中通过骨架模型将设计信息传递到底层的产品结构中。在树（装配关系）的最上端存在顶级 SKEleton（骨架模型），接下来是次级 SKEleton，继承于顶级 SKEleton，之后每一级装配分别参考各自的 SKEleton，展开系统设计和详细设计。

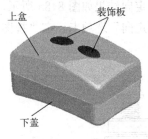

图 8-88　香皂盒

下面通过如图 8-88 所示的香皂盒的设计来介绍 Top-Down 的设计方法。香皂盒的设计流程如图 8-89 所示。

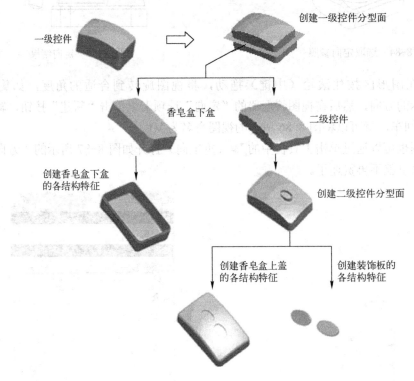

图 8-89　香皂盒设计流程

1．建立装配体文件

在硬盘上创建一个文件夹，文件夹名为"Top_Down"，在 Pro/E 软件中将该文件夹设置为工作目录。然后新建文件，类型为"组件"，子类型为"设计"，文件名为 XZH，取消"使用缺省模板"，然后选择公制模板"mmns_asm_design"，进入组件模块。

2．创建一级主控件 FIRST.PRT

（1）在导航区单击 （设置），打开如图 8-90 所示下拉菜单，选择"树过滤器"，打开"模型树项目"对话框，在"显示"栏勾选"特征"，如图 8-91 所示，单击"确定"按钮，返回组件工作界面。

图 8-90 设置菜单

图 8-91 "模型树项目"对话框

（2）在工具栏单击 （创建新元件），弹出"元件创建"对话框，在"类型"栏选择"零件"，在"子类型"栏选择"实体"，然后在"名称"文本框中输入文件名 FIRST，如图 8-92 所示。单击"确定"按钮，弹出"创建选项"对话框，勾选"定位缺省基准"和"对齐坐标系与坐标系"，如图 8-93 所示，单击"确定"按钮，返回组件工作界面。

图 8-92 "元件创建"对话框

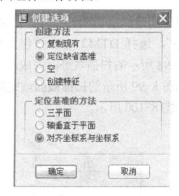

图 8-93 "创建选项"对话框

（3）系统提示"选取坐标系"，在模型树中选取组件坐标系 ✳ ASM_DEF_CSYS，或者直接在图形区选择组件坐标系 ✗ASM.DEF.CSYS。

3. 创建主控件 FIRST.PRT 的各个特征

在零件模式下，创建主控件 FIRST.PRT 的各个特征，如图 8-94 和图 8-95 所示。

图 8-94 主控件模型

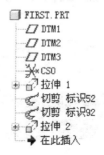

图 8-95 主控件的模型树

（1）在组件的模型树中点选FIRST1.PRT，然后单击右键，在右键菜单中选择"打开"，进入主控件的零件模式。

（2）创建如图 8-96 所示的拉伸特征。打开"拉伸"操控板，选择 DTM2 基准面作为草绘平面，以 DTM1 基准面向右为参照，进入草绘，绘制如图 8-97 所示的拉伸截面，完成后结束草绘。选取深度类型为对称⊟，输入深度值 100，完成拉伸实体特征的创建。

图 8-96　拉伸特征

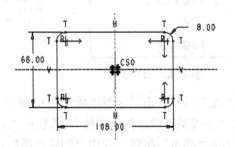

图 8-97　拉伸截面

（3）创建扫描切除特征 1。在菜单栏选择"插入"→"扫描"→"切口"，选择"草绘轨迹"，选择 DTM3 基准面作为草绘平面，选择"正向"→"缺省"进行草绘，绘制如图 8-98 所示的扫描轨迹，完成后结束草绘，选择"自由端"，进入扫描截面的草绘环境，绘制如图 8-99 所示的扫描截面，完成后结束草绘。切换切除的方向，完成扫描特征的创建，结果如图 8-100 所示。

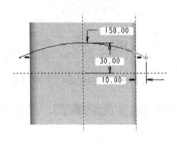

图 8-98　扫描轨迹

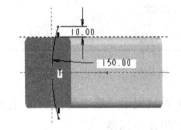

图 8-99　扫描截面

（4）创建扫描切除特征 2。重复上述（3）的操作过程，其中草绘的扫描轨迹如图 8-101 所示，扫描截面如图 8-102 所示。扫描结果如图 8-103 所示。

图 8-100　扫描切除结果

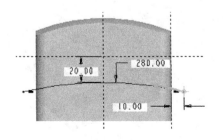

图 8-101　扫描轨迹

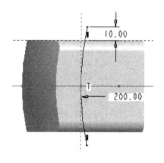

图 8-102　扫描截面

图 8-103　扫描切除结果

（5）创建拉伸曲面。打开"拉伸"操控板，在操控板中单击◻，选择 DTM3 基准面作为草绘面，以 DTM1 基准面向右为参照，进入草绘，绘制如图 8-104 所示的拉伸截面。结束草绘，选取深度类型为 ⊟，输入深度值 88，完成拉伸曲面的创建，结果如图 8-105 所示。

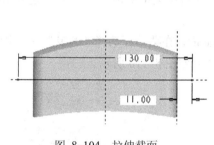

图 8-104　拉伸截面

图 8-105　拉伸曲面

4．创建香皂盒的下盒 XH.PRT

（1）在菜单栏选择"窗口"→"1.XZH.ASM"，返回组件工作界面。

（2）在工具栏单击 （元件创建），弹出"元件创建"对话框，在"类型"栏选择"零件"，"子类型"栏选择"实体"，然后在"名称"文本框中输入 XH，单击"确定"按钮，弹出"创建选项"对话框，勾选"定位缺省基准"和"对齐坐标系与坐标系"，单击"确定"按钮。返回组件工作界面，系统提示 ⇨选取坐标系。，在模型树上选择 ※ ASM_DEF_CSYS 。

（3）将主控件 FIRST.PRT 的设计信息传递给下盒零件 XH.PRT。在菜单栏选择"插入"→"共享数据"→"合并/继承"，打开如图 8-106 所示的"合并"操控板，在模型树中选择 ▢ FIRST.PRT ，或者在图形区直接选择 FIRST.PRT 的零件模型，然后在"合并/继承"操控板中单击✔，完成合并。

图 8-106　"合并"操控板

注意：在进行合并前，要注意下盒零件需处于激活状态，如 XH.PRT 。

（4）创建下盒零件 XH.PRT 的其他特征。在零件模式下，创建下盒零件 XH.PRT 的其他特征，如图 8-107 和图 8-108 所示。

图 8-107　下盒模型

图 8-108　下盒的模型树

① 在模型树上选择 XH.PRT，然后单击右键，在右键菜单中选择"打开"，进入 XH.PRT 的零件模式。

② 创建实体化特征。选取如图 8-109 所示的曲面，在菜单栏选择"编辑"→"实体化"，打开"实体化"操控板，单击⌐，完成实体化，结果如图 8-110 所示。

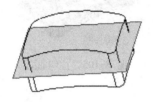

图 8-109　选取曲面

图 8-110　实体化结果

③ 创建拔模特征。打开"拔模"操控板，选择下盒的整个侧面作为拔模曲面，如图 8-111 所示，拔模枢纽选择上表面，拔模角度为 3°，完成拔模，结果如图 8-112 所示。

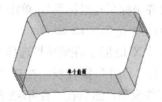

图 8-111　选取拔模曲面

图 8-112　拔模结果

④ 创建倒圆角特征。打开"倒圆角"操控板，输入圆角半径为 5.0，选择如图 8-113 所示的边线。完成倒圆角，结果如图 8-114 所示。

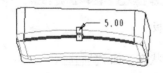

图 8-113　选取边线

图 8-114　倒圆角结果

⑤ 创建壳特征。打开"壳"操控板，选择如图 8-115 所示的面作为移除面，输入壳的厚度为 2，完成抽壳，结果如图 8-116 所示。

图 8-115　选取移除面

图 8-116　抽壳结果

⑥ 创建扫描特征。在菜单栏选择"插入"→"扫描"→"伸出项"，选择"选取轨迹"，选择如图 8-117 所示的边线作为扫描轨迹，绘制如图 8-118 所示的草图作为扫描截面，完成扫描特征的创建，结果如图 8-119 所示。

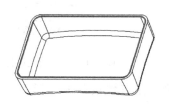

图 8-117　选择边线作为扫描轨迹

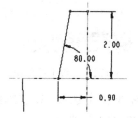

图 8-118　扫描截面

⑦ 进行曲面偏移。选取如图 8-120 所示的实体面，在菜单栏选择"编辑"→"偏移"，打开"偏移"操控板，设置偏移类型为"展开偏移" ⬚，输入偏移距离为 0.2，方向向下，完成偏移，结果如图 8-121 所示。

图 8-119　扫描结果

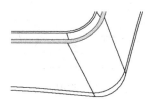

图 8-120　选取面

图 8-121　偏移结果

5. 创建二级主控件 SECOND.PRT

（1）在菜单栏选择"窗口"→"1.XZH.ASM"，切换到"组件"窗口。

（2）在工具栏单击 🗔，弹出"元件创建"对话框，在"类型"栏选择"零件"，"子类型"栏选择"实体"，然后在"名称"文本框中输入 SECOND，单击"确定"按钮，弹出"创建选项"对话框，勾选"定位缺省基准"和"对齐坐标系与坐标系"，单击"确定"按钮，返回组件工作界面，系统提示 ⇨选取坐标系。，然后在模型树上选择 ✳ ASM_DEF_CSYS 。

（3）将主控件 FIRST.PRT 的设计信息传递给二级主控件 SECOND.PRT。在菜单栏选择"插入"→"共享数据"→"合并/继承"，打开"合并"操控板，在模型树中选择 ▢ FIRST.PRT，然后在"合并"操控板中单击 ✓，完成合并。

（4）创建主控件 SECOND.PRT 的其他各个特征。在零件模式下，创建二级主控件 SECOND.PRT 的其他特征，如图 8-122 和图 8-123 所示。

图 8-122　二级主控件模型　　　　　　　　　　　图 8-123　二级主控件模型树

① 在模型树上选择 SECOND.PRT，单击右键，在右键菜单中选择"打开"，进入 SECOND.PRT 的零件模式。

② 创建实体化特征。选取如图 8-124 所示的曲面，在菜单栏选择"编辑"→"实体化"，打开"实体化"操控板，单击 ⬠，并将切除方向改为向下，实体化结果如图 8-125 所示。

图 8-124　选取曲面　　　　　　　　　　　　　　图 8-125　实体化结果

③ 创建拔模特征。打开"拔模"操控板，选择如图 8-126 所示的侧面作为拔模曲面，拔模枢纽选择下表面，拔模角度为 3°，方向向下，完成拔模，结果如图 8-127 所示。

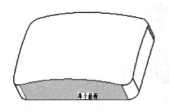

图 8-126　选择侧面　　　　　　　　　　　　　　图 8-127　拔模结果

④ 创建拉伸曲面。打开"拉伸"操控板，在操控板中单击 ◯，选择 DTM2 基准面作为草绘平面，以 DTM1 基准面向右为参照，进入草绘，绘制如图 8-128 所示的拉伸截面。结束草绘，输入拉伸深度为 50，完成拉伸曲面的创建，结果如图 8-129 所示。

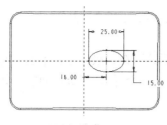

图 8-128　拉伸截面

图 8-129　拉伸结果

⑤ 进行曲面偏移。选取如图 8-130 所示的实体面，在菜单栏选择"编辑"→"偏移"，打开"偏移"操控板，偏移类型为"标准偏移"，输入偏移距离为 1.5，方向向下。完成偏移，结果如图 8-131 所示。

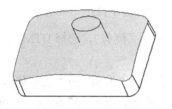

图 8-130　选取实体面

图 8-131　偏移结果

6. 创建香皂盒的上盖 SG.PRT

（1）在菜单栏选择"窗口"→"1.XZH.ASM"，切换到"组件"窗口。

（2）在工具栏单击 ，弹出"元件创建"对话框，在"类型"栏选择"零件"，"子类型"栏选择"实体"，然后在"名称"文本框中输入 SG，单击"确定"按钮，弹出"创建选项"对话框，选择"定位缺省基准"和"对齐坐标系与坐标系"，单击"确定"按钮，返回组件工作界面，系统提示 ➡选取坐标系.，在模型树上选择 ⚹ ASM_DEF_CSYS 。

（3）将二级主控件 SECOND.PRT 的设计信息传递给上盖零件 SG.PRT。在菜单栏选择"插入"→"共享数据"→"合并/继承"，打开"合并"操控板，在模型树中选择 ☐ SECOND.PRT ，然后在"合并"操控板中单击 ☑，完成合并。

（4）创建香皂盒上盖的其他特征。在零件模式下，创建上盖零件的其他特征，如图 8-132 和图 8-133 所示。

图 8-132　香皂盒上盖

图 8-133　香皂盒上盖的模型树

① 在模型树上选择 SG.PRT，单击右键，在右键菜单中选择"打开"，进入 SG.PRT 的零件模式。

② 进行曲面合并。将过滤器设置为"面组"，然后选取在二级主控件中创建的拉伸曲面和偏移后的曲面，如图 8-134 所示。单击工具栏中的 ⌐（合并），完成曲面的合并，结果如图 8-135 所示。

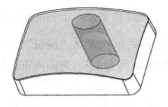

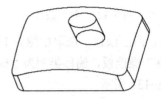

图 8-134　选取拉伸面和偏移面　　　　　　图 8-135　合并结果

③ 镜像曲面。选取合并后的曲面，单击工具栏上的 ⧓（镜像），选择 DTM1 基准面作为镜像平面。完成镜像，结果如图 8-136 所示。

④ 进行曲面实体化切除。选择合并曲面，在菜单栏选择"编辑"→"实体化"，打开"实体化"操控板，单击 △，方向向内，完成实体化操作，结果如图 8-137 所示。用同样的方法完成镜像后曲面的实体化，结果如图 8-138 所示。

⑤ 创建倒圆角特征。打开"倒圆角"操控板，输入圆角半径为 5，选择如图 8-139 所示的边线，完成倒圆角，结果如图 8-140 所示。

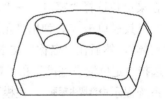

图 8-136　镜像结果　　　　　　　　　　图 8-137　实体化结果

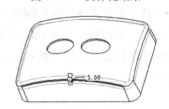

图 8-138　第二次实体化　　　　　　　　图 8-139　选择边线

⑥ 创建壳特征。打开"壳"操控板，选择如图 8-141 所示的面作为移除的曲面，输入壳的厚度为 2。完成抽壳，结果如图 8-142 所示。

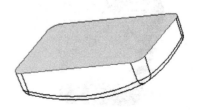

图 8-140　倒圆角结果　　　　　　　　　图 8-141　选择移除面

⑦ 创建扫描特征。在菜单栏选择"插入"→"扫描"→"伸出项"，选择"选取轨迹"，选择如图 8-143 所示的边线作为扫描轨迹，绘制如图 8-144 所示的草图作为扫描截面，完成扫描特征的创建，结果如图 8-145 所示。

图 8-142　抽壳结果

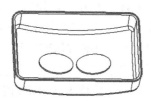

图 8-143　选择边线

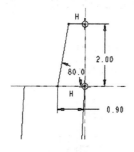

图 8-144　扫描截面

图 8-145　扫描结果

⑧ 进行曲面偏移。选取如图 8-146 所示的实体面，在菜单栏选择"编辑"→"偏移"，打开"偏移"操控板，偏移类型为"展开偏移"，偏移距离为 0.2，方向向下。完成偏移，结果如图 8-147 所示。

图 8-146　选取面

图 8-147　偏移结果

⑨ 创建倒圆角特征。打开"倒圆角"操控板，输入圆角半径值为 0.5，选择如图 8-148 所示的边线，完成倒圆角，结果如图 8-149 所示。

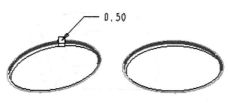

图 8-148　选择边线

图 8-149　倒圆角结果

7. 创建香皂盒装饰板 ZSB.PRT

（1）在菜单栏选择"窗口"→"1.XZH.ASM"，切换到"组件"窗口。

（1）在工具栏单击🔲，弹出"元件创建"对话框，在"类型"栏选择"零件"，"子类型"栏选择"实体"，然后在"名称"文本框中输入 ZSB，单击"确定"按钮，弹出"创建选项"对话框，勾选"定位缺省基准"和"对齐坐标系与坐标系"，单击"确定"按钮，返回组件工作界面，系统提示选取坐标系，选择组件坐标系。

（3）将二级主控件 SECOND.PRT 的设计信息传递给装饰板零件 ZSB.PRT。在菜单栏选择"插入"→"共享数据"→"合并/继承"，打开"合并"操控板，在模型树中选择 🔲 SECOND.PRT，然后在"合并"操控板中单击✅，完成合并。

（4）创建装饰板零件的其他特征。在零件模式下，创建装饰板零件的其他特征，如图 8-150 和图 8-151 所示。

图 8-150 装饰板

图 8-151 装饰板的模型树

① 在模型树上选择 ZSB.PRT，单击右键，在右键菜单中选择"打开"，进入 ZSB.PRT 的零件模式。

② 进行曲面偏移。选取二级主控件中创建的拉伸曲面，在菜单栏选择"编辑"→"偏移"，偏移类型为"标准偏移"，输入偏移距离为 0.2，方向向内，如图 8-152 所示，完成偏移，结果如图 8-153 所示。

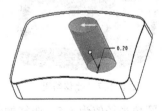

图 8-152 偏移曲面

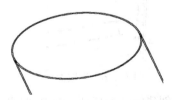

图 8-153 偏移结果

③ 合并曲面。选取刚才偏移后的曲面和二级主控件中偏移后的曲面，打开"合并"操控板，切换合并保留的侧，结果如图 8-154 所示，完成合并，结果如图 8-155 所示。

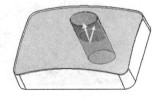

图 8-154 选择合并曲面和合并曲面的侧

图 8-155 合并结果

④ 进行曲面实体化。选取合并后的曲面，在菜单栏选择"编辑"→"实体化"，单击 ⬜ ，方向向外，如图 8-156 所示，完成实体化操作，结果如图 8-157 所示。

图 8-156　选取实体化曲面和切除方向　　　　　　　图 8-157　实体化结果

⑤ 隐藏合并曲面。在模型树上选择合并特征 ⬚合并 标识3 ，单击右键，在右键菜单中选择"隐藏"，结果如图 8-158 所示。

⑥ 创建倒圆角特征。打开"倒圆角"操控板，输入半径为 0.5，选择如图 8-159 所示的边线，完成倒圆角，结果如图 8-160 所示。

图 8-158　隐藏合并面的结果　　　　图 8-159　选择边线　　　　图 8-160　倒圆角结果

8. 装配第二个装饰板零件

（1）在菜单栏选择"窗口"→"1.XZH.ASM"，切换到"组件"窗口。

（2）隐藏一级主控件和二级主控件，结果如图 8-161 所示。

（3）装配元件。

① 单击装配工具 ⬚ ，打开 zsb.prt 零件。

② 建立约束。选择如图 8-162 所示的元件参照和如图 8-163 所示的组件参照。

图 8-161　隐藏主控件的结果

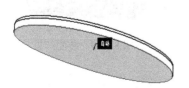

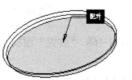

图 8-162　选择元件参照面　　　　　　图 8-163　选择组件参照面

③ 新建约束，选择如图 8-164 所示的 DTM3 基准面作为元件参照，选择如图 8-165 所示的组件基准面 ASM-FRONT 为组件参照，将约束类型设置为"配对（匹配）"，偏移类型为"重合"。

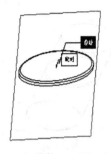

图 8-164　选择元件参照面

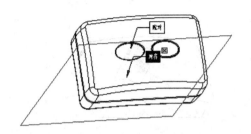

图 8-165　选择组件参照面

④ 新建约束，选择如图 8-166 所示的 DTM1 基准面作为元件参照，选择如图 8-167 所示的组件基准面 ASM-RIGHT 为组件参照，将约束类型设置为"配对（匹配）"，偏移类型为"重合"。打开"装配"操控板上的"放置"面板，如图 8-168 所示。

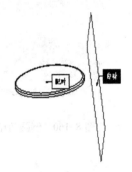

图 8-166　选择元件参照面

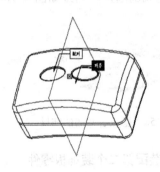

图 8-167　选择组件参照面

⑤ 完成元件的装配，结果如图 8-169 所示。

（4）保存文件，完成香皂盒的设计。

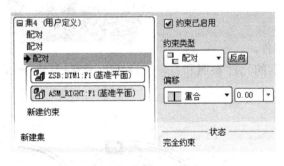

图 8-168　"放置"面板

图 8-169　装配结果

8.5　装配设计练习

（1）创建如图 8-170 所示低速滑轮的组件，并制作如图 8-171 所示的爆炸图。组件的各组成零件的零件图请参照第 4 章的图 4-90 和图 4-91。

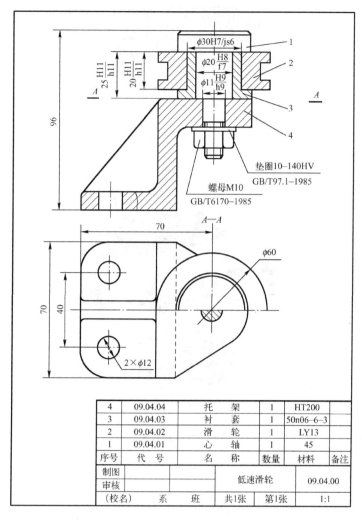

4	09.04.04	托　架	1	HT200	
3	09.04.03	衬　套	1	50n06-6-3	
2	09.04.02	滑　轮	1	LY13	
1	09.04.01	心　轴	1	45	
序号	代　号	名　称	数量	材料	备注
制图			低速滑轮	09.04.00	
审核					
(校名)	系　　班	共1张	第1张	1:1	

图 8-170　低速滑轮的装配图

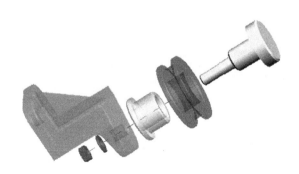

图 8-171　爆炸图

（2）创建如图 8-172 所示轴箱的组件，并创建如图 8-173 所示的爆炸图。轴箱的各组成零件的零件图请参照第 4 章的图 4-92、图 4-93 和图 4-94。

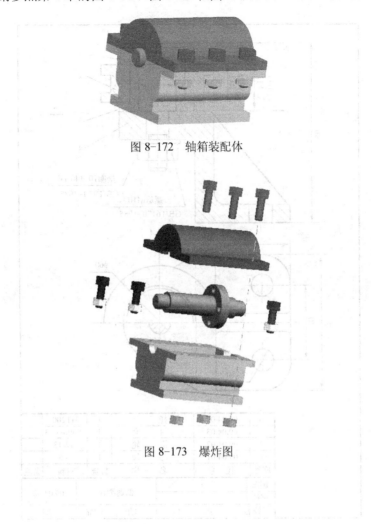

图 8-172　轴箱装配体

图 8-173　爆炸图

第9章 工程图设计

工程图是指导生产的重要技术文件，也是进行技术交流的重要媒介，是"工程技术界的共同语言"。Pro/E软件不但具有强大的三维造型功能，还具有非常完善的创建工程图的功能。在Pro/E中创建的工程图与其三维模型是全相关的，3D模型的修改会实时反馈到工程视图上，工程图的尺寸改变也会导致3D模型的自动更新。另外，Pro/E中创建的工程图还能与其他二维CAD软件进行数据交换。

一张完整的工程图一般应包括必要的视图、注释（包括尺寸标注、技术要求等）、图框、标题栏等。本章主要介绍常用视图的创建方法和注释的创建方法。

9.1 进入工程图界面

单击"新建"按钮 ，系统打开"新建"对话框，选取"绘图"，在"名称"文本框中输入文件名称或者直接采用默认的文件名，取消选择"使用缺省模板"，结果如图9-1所示。单击"确定"按钮，系统打开如图9-2所示的"新建绘图"对话框，用来设置工程图模板。

图9-1 "新建"对话框   图9-2 "新建绘图"对话框

1. 缺省模型

"缺省模型"用来指定与工程图相关联的3D模型文件。当系统已经打开一个零件或组件时，系统会自动获取这个模型文件作为默认选项；如果同时打开了多个零件和组件，系统则会以最后激活的零件或组件作为模型文件；如果没有任何零件和组件打开，用户可以通过单击"浏览"来选择要创建工程图的模型文件。如果没有选取模型文件，在用户创建第一个视图时，系统会自动打开选取模型文件的对话框，要求用户选择模型文件。

2. 指定模板

"指定模板"选项组共有3个选项：

（1）使用模板。选择该选项后，会出现如图 9-3 所示的对话框，其下方有模板列表供用户选择。单击"确定"按钮后，系统会自动创建工程图，其中包含 3 个视图：主视图、仰视图和侧视图。该选项要求必须选择了模型文件后，才能单击"确定"按钮。

（2）格式为空。选择该选项后，会出现如图 9-4 所示的对话框，其下方有"格式"选项，用来在工程图上加入图框，包括工程图的图框、标题栏等项目，但是系统不会自动创建视图，用户可以通过单击"浏览"按钮来选择其他的格式文件。该选项也要求必须选择了模型文件后，才能单击"确定"按钮。

图 9-3　选择"使用模板"

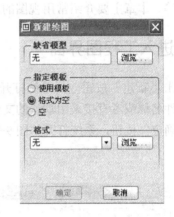

图 9-4　选择"格式为空"

（3）空。该选项为默认选项，如图 9-2 所示，其下方有"方向"和"大小"两个选项，其中"方向"用来设置图纸的摆放方向，"大小"用来设置图纸的大小，包括标准大小和自定义大小。只有当"方向"选项为"可变"时，才可以自定义图纸大小。

完成设置后，在"新建绘图"对话框中单击"确定"按钮，系统进入工程图界面并创建一张没有图框和视图的空白工程图，如图 9-5 所示。

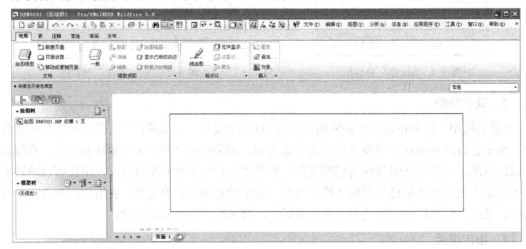

图 9-5　工程图界面

Pro/E 将工程图的很多功能都集中在六大工具栏中，分别是布局工具栏、表工具栏、注释工具栏、草绘工具栏、审阅工具栏和发布工具栏，默认工具栏为布局工具栏，如图 9-6 所示。

图 9-6 布局工具栏

9.2 工程图的绘图环境设置

工程图需要遵循一定的规范标准，不同的国家或地区，这些标准规范可能会不一致。在 Pro/E 中，可以通过工程图的绘图环境来设置这些规范，如箭头的样式、文字大小、绘图单位、投影的视角等。

在主菜单中选择"文件"→"绘图选项"，打开如图 9-7 所示的"选项"对话框，在列表中选择需要设置的选项，然后在下面的值文本框中输入或者选择选项值，单击"添加/更改"按钮，便确认了该项设置。单击[图标]，保存当前显示的配置文件的副本。单击"确定"按钮，退出"选项"对话框，完成环境设置。也可以选择"应用"→"关闭"来退出对话框。

图 9-7 "选项"对话框

工程图绘图环境的常用选项及其功能如表 9-1 所示。

表 9-1 工程图绘图环境的常用选项

选 项	值	作 用
drawing_text_height	3.500000	工程图文字的字高
text_thickness	0.00	文字笔画宽度
text_width_factor	0.8	文字宽高比
projection_type	THIRD_ANGLE/FIRST_ANGLE	投影视角为第三/第一视角（中国采用第一视角 FIRST_ANGLE）
drawing_units	inch/foot/mm/cm/m	绘图使用的单位（公制单位为 mm）

9.3 创建工程图视图

在 Pro/E 中，可以创建各种工程图视图，如投影图、辅助视图、局部放大图、剖视图和轴测图等。下面通过具体实例介绍常用视图的创建方法。

9.3.1 一般视图与投影视图

当工程图的模板为"空"时，创建的第一个视图只能是一般视图。一般视图是其他视图如投影视图、局部视图等的基础，也可以是单独存在的视图。

现以千斤顶底座零件（零件图请参照第 4 章的图 4-88）为例创建如图 9-8 所示的视图。

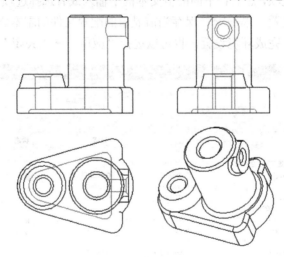

图 9-8 一般视图与投影图

（1）在硬盘上创建一个文件夹，如名为 gct 的文件夹，将该文件夹设置为工作目录。

（2）在零件模式下创建三维模型文件，或者将现有的三维模型文件复制到工作目录。

（3）创建工程图文件。在菜单栏选择"文件"→"新建"，在"新建"对话框设置类型为"绘图"，然后输入文件名如 GCT1。工程图的文件名与模型文件名可以相同，也可以不相同。默认模型为"DIZUO.PRT"，模板为"空"，图纸方向为"横向"，大小为"A4"。进入工程图工作界面。

（4）创建一般视图作为主视图。

① 在"布局"工具栏中单击创建一般视图工具，或在绘图区空白处单击右键，从右

键菜单中选择"一般视图"。

② 系统提示"选取绘制视图的中心点",在绘图区适当位置单击鼠标左键以确定视图放置位置,系统在单击位置放置三维模型,如图 9-9 所示,并打开"绘图视图"对话框,如图 9-10 所示。

图 9-9 三维模型　　　　　　　　　　图 9-10 "绘图视图"对话框

③ 在"视图方向"栏将定向方法设置为"几何参照",然后选择 FRONT 面向前,TOP 面向上,如图 9-11 所示。定向结果如图 9-12 所示(关闭了基准特征的显示)。

图 9-11 "视图方向"栏　　　　　　　　　　图 9-12 定向结果

④ 在对话框"类别"栏中选择"视图显示",将"显示样式"设置为"隐藏线",将"相切边显示样式"设置为"无",如图 9-13 所示。然后选择"应用"→"关闭",完成主视图的创建,结果如图 9-14 所示。

视图外面的红框表示该视图处于激活状态,在框外空白处单击,可以取消激活,红框消失,再单击视图,视图又被激活,红框出现。视图激活时,单击右键,弹出如图 9-15 所示的右键菜单,在右键菜单中取消勾选"锁定视图移动",然后在视图上按住左键,可以移动当前视图。在右键菜单中选择"属性",又可以重新打开"绘图视图"对话框。在视图上双击也可以打开"绘图视图"对话框。

(5)创建投影视图。

① 在工具栏单击投影视图工具 品 投影,在主视图下面适当位置单击,结果如图 9-16 所示。

然后双击该视图，打开"绘图视图"对话框，将显示样式设置为"隐藏线"，将相切边显示样式设置为"无"，结果如图 9-17 所示。单击"确定"按钮，完成俯视图的创建。

图 9-13 "视图显示"选项

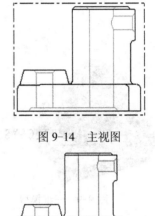

图 9-14 主视图

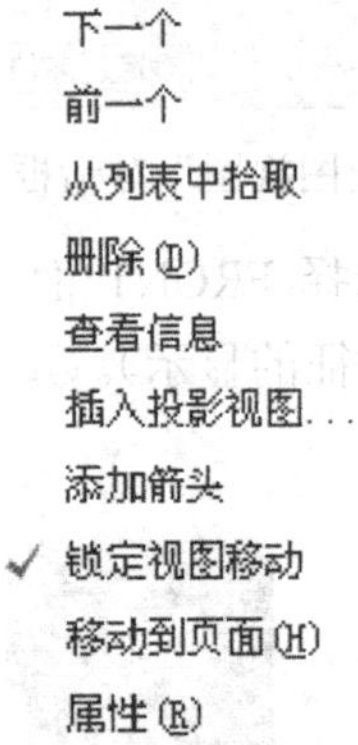

下一个
前一个
从列表中拾取
删除 (D)
查看信息
插入投影视图…
添加箭头
✓ 锁定视图移动
移动到页面 (H)
属性 (R)

图 9-15 右键菜单

图 9-16 创建投影视图

② 在工具栏再次单击投影视图工具 投影，系统提示"选取投影父视图"并弹出"选取"菜单，单击主视图，将主视图作为要创建的投影视图的父视图，接着在主视图右边适当位置单击，创建左视图。将显示样式设置为"隐藏线"，将相切边显示样式设置为"无"，结果如图 9-18 所示。

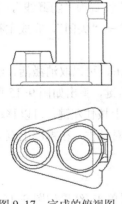

图 9-17 完成的俯视图

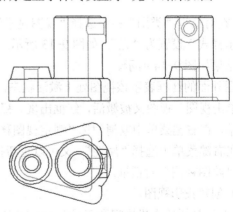

图 9-18 创建左视图

（6）创建一般视图作为轴测图。在绘图区空白处单击右键，从右键菜单中选择"一般视图"，然后在绘图区右下角适当位置单击以放置视图，在"绘图视图"对话框的视图方向栏选择"缺省方向"，如图 9-19 所示。将显示样式设置为"消隐"，将相切边显示样式设置为"实线"，结果如图 9-20 所示。

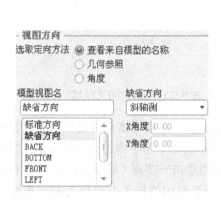

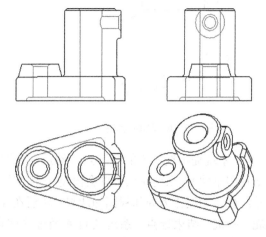

图 9-19 "视图方向"栏　　　　　　　　　图 9-20 创建轴测图

9.3.2 辅助视图与详图视图

以千斤顶定位螺钉（零件图请参照第 4 章的图 4-89）为例创建如图 9-21 所示的视图。

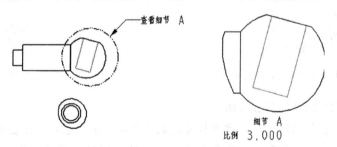

图 9-21 定位螺钉的视图

（1）创建如图 9-22 所示的主视图。

（2）创建辅助视图。

① 单击辅助视图工具 ◇辅助，系统提示在主视图上选取轴线或基准平面作为投影方向，并弹出"选取"菜单，选取如图 9-23 所示的上端面（其投影为边线），然后在该端面的垂直方向的合适位置单击以放置辅助视图，结果如图 9-24 所示。

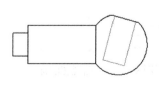

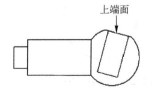

图 9-22 主视图　　　　　　　　　图 9-23 选取上端面

② 在辅助视图上双击，打开"绘图视图"对话框，在"类别"栏选择"可见区域"，然后将"视图可见性"设置为"局部视图"，如图 9-25 所示。

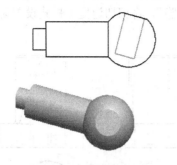

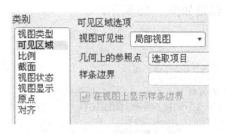

图 9-24　创建辅助视图　　　　　　　　　　图 9-25　设置"可见区域"

③ 系统提示选取新的参照点，然后在视图的边线上点选一点（该点需处在所要创建的局部视图里面），系统在该位置会出现一个如图 9-26 所示的"十"字作为该点的标记，并提示草绘样条曲线作为局部视图的边界，然后在参照点周围单击一些点（最少 3 点），接着单击滚轮（中键）结束选点，系统会自动经过这些点创建一条封闭的样条曲线作为局部视图的边界，如图 9-26 所示。在"绘图视图"对话框中单击"应用"按钮，并将显示样式设置为"消隐"，结果如图 9-27 所示，单击"确定"按钮，完成辅助视图的创建。

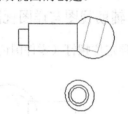

图 9-26　局部视图的参考点和边界　　　　　　　图 9-27　局部辅助视图

（3）创建详图视图（局部放大图）。

① 单击详图视图工具 详细，系统提示选取查看细节的中心点，在要对其进行放大的区域的边线上单击一点，系统在该位置会出现一个如图 9-28 所示的"十"字作为该点的标记，并提示草绘样条曲线作为详图视图的边界，然后在中心点周围单击一些点（最少 3 点），接着单击滚轮，系统自动经过这些点创建一条封闭的样条曲线，并自动创建详图视图的标注，如图 9-29 所示。

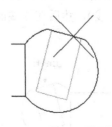

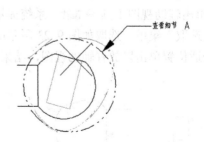

图 9-28　选取中心点　　　　　　　　　　　图 9-29　详图视图的标注

② 系统同时提示选取绘图视图的中心点，在绘图区合适位置单击作为放置详图视图的

中心点，结果如图 9-30 所示。

③ 在详图视图上双击，打开"绘图视图"对话框。在"类别"栏选择"比例"，然后将比例修改为 3，如图 9-31 所示。在对话框中单击"确定"按钮，完成详图视图的创建。将详图视图移动到合适的位置，结果如图 9-32 所示。

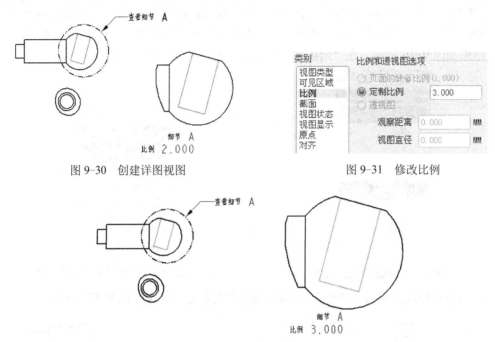

图 9-30 创建详图视图

图 9-31 修改比例

图 9-32 完成的详视视图

9.3.3 全剖视图、半剖视图、局部剖视图与 3D 剖视图

剖视图可以直观表达零部件的内部结构，是一种常用的视图表达方法，这里还是以千斤顶底座为例来介绍全剖视图、半剖视图、局部剖视图和 3D 剖视图的创建方法。

（1）创建如图 9-33 所示底座零件的三视图和轴测图。

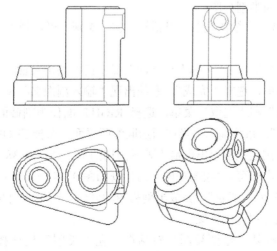

图 9-33 底座的三视图

（2）将主视图改为全剖视图。

① 双击主视图，打开"绘图视图"对话框，在"类别"栏选择"截面"，然后选择"2D 剖面"。

② 单击添加剖截面工具✚，弹出如图 9-34 所示的"剖截面创建"菜单，采用默认的设置，选择"完成"。系统出现"输入剖面名"文本框，输入名称 A 并回车，弹出如图 9-35 所示"设置平面"和"选取"菜单，在其中一个视图上选择 FRONT 面（也可以在模型树上选取），结果如图 9-36 所示，在"绘图视图"对话框上单击"应用"按钮。

图 9-34 "剖截面创建"菜单

图 9-35 "设置平面"和"选取"菜单

③ 将显示样式设置为"消隐"，完成全剖视图的创建，结果如图 9-37 所示。

图 9-36 "绘图视图"对话框

图 9-37 全剖视图

（3）将左视图修改为半剖视图。

① 双击左视图，打开"绘图视图"对话框，在"类别"栏选择"截面"，然后选择"2D 剖面"。

② 单击工具✚，对话框的"名称"栏下面会显示已有的剖截面，单击"创建新"按钮，弹出"剖截面创建"菜单，选择"完成"，系统出现"输入剖面名"文本框，输入名称 B 并回车，弹出"设置平面"和"选取"菜单，选择 RIGHT 面作为剖截面，在对话框上将"剖切区域"设置为"一半"，系统提示为半截面选取参照平面，选择 FRONT 面作为参照。接着提示选取剖切的侧，并在左视图上出现箭头表示剖切的侧，如图 9-38 所示。如果要改变侧，则在参照面的另一侧单击即可。"绘图视图"对话框如图 9-39 所示，单击"应用"按钮。

③ 将显示样式设置为"消隐"，完成半剖视图的创建，结果如图 9-40 所示。

（4）将俯视图修改为局部剖视图。

① 双击俯视图，打开"绘图视图"对话框，在"类别"栏选择"截面"，然后选择"2D 剖面"。

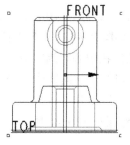

图 9-38　用箭头表示剖切侧

图 9-39　"绘图视图"对话框

② 单击添加截面工具 ✚，选择"创建新"按钮，弹出"剖截面创建"菜单，选择"完成"，系统出现"输入剖面名"文本框，输入名称 C 并回车。

③ 系统弹出如图 9-41 所示的"设置平面"和"选取"菜单，选择"产生基准"，弹出"基准平面"菜单，选择"偏移"，结果如图 9-42 所示。选择 TOP 面作为偏移平面，系统弹出如图 9-43 所示的"偏移"和"选取"菜单，选择"输入值"，系统弹出"输入偏移距离"文本框，并在绘图区出现箭头表示偏移的方向。在"输入距离"文本框中输入距离 66（如果要向相反方向偏移则输入负值）并回车。然后在"基准平面"菜单中选择"完成"，完成基准平面的创建，系统自动将创建的基准平面作为剖切平面。

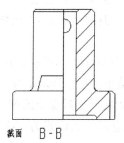

图 9-40　半剖视图

图 9-41　"设置平面"和"选取"菜单

图 9-42　"基准平面"菜单

图 9-43　"偏移"和"选取"菜单

④ 在对话框上将"剖切区域"设置为"局部"，系统提示选取局部剖视图的中心点。在要局部剖切的区域的边线上单击一点，系统在该位置会出现一个如图 9-44 所示的"十"字作为该点的标记，并提示草绘样条曲线作为局部剖视图的边界。然后在中心点周围单击一些点（最少 3 点），接着单击滚轮，系统自动经过这些点创建一条封闭的样条曲线作为局部剖视图的边界，如图 9-45 所示，在"绘图视图"对话框中单击"应用"按钮。

（5）将显示样式设置为"消隐"，完成局部剖视图的创建，结果如图 9-46 所示。

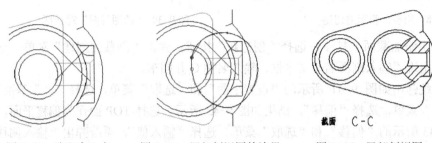

图 9-44　选取中心点　　　图 9-45　局部剖视图的边界　　　图 9-46　局部剖视图

（6）将轴测图修改为 3D 剖视图。创建 3D 剖视图需先在零件模式下创建三维剖面。

① 在菜单栏选择"文件"→"打开"，打开 dizuo.prt 文件，进入零件模式。

② 单击视图管理器工具 ，打开"视图管理器"对话框，切换到"剖面"选项卡，如图 9-47 所示。

③ 单击"新建"按钮，输入名称 D 并回车，弹出如图 9-48 所示的"剖截面创建"菜单，选择"区域"，弹出如图 9-49 所示的"D"对话框和"选取"菜单，提示选取对象。在绘图区选择 FRONT 面作为剖切面。可在"D"对话框中单击 ，切换剖切后保留的侧，然后单击 ，增加剖切面，在绘图区选择 RIGHT 面，将两剖切面的逻辑关系设置为"或"，结果如图 9-50 所示，剖切后保留的侧如图 9-51 所示。在"D"对话框中单击 ，完成剖切面的创建。

图 9-47　"剖面"选项卡　　　　　图 9-48　"剖截面创建"菜单

④ 返回"视图管理器"对话框。双击剖视图名称"D"，将"D"设置成当前活动视图，结果如图 9-52 所示。单击"定向"切换到"定向"选项卡，在该选项卡上单击"新建"按钮，输入视图名称 V1 并回车，将当前的视图方向命名为 V1。

⑤ 在主菜单选择"窗口"，然后选择工程图文件名，切换到工程图模式。

图 9-49 "D"对话框和"选取"菜单　　　　　图 9-50 "D"对话框的设置

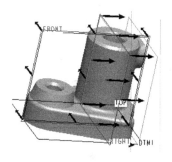

图 9-51　剖切后保留的侧　　　　　　　图 9-52　D 视图

⑥ 双击轴测图视图，打开"绘图视图"对话框。将"模型视图名"设置为 V1，如图 9-53 所示，单击"应用"按钮。

⑦ 在"绘图视图"对话框中"类别"栏选择"截面"，然后选择"3D 剖面"，其后面的文本框中会显示出剖面名称 D。如果有多个 3D 剖切面，可以从中选取一个。在对话框中单击"确定"按钮，完成 3D 剖视图的创建，结果如图 9-54 所示。

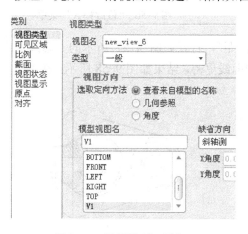

图 9-53　设置模型视图名　　　　　　　图 9-54　3D 剖视图

（7）修改剖面线。

① 在局部剖视图上单击剖面线，然后右击，从右键菜单中选择"属性"，可以打开如图 9-55 所示的"修改剖面线"菜单，也可以直接在剖面线上双击来打开该菜单。其中"间距"用来改变剖面线之间的距离即修改剖面线的疏密程度，"角度"用来修改剖面线的倾斜角度。

② 在菜单上选择"角度"，系统在菜单下方弹出如图 9-56 所示的"修改模式"菜单，选择角度"60"，即可完成剖面线角度的修改。

图 9-55 "修改剖面线"菜单　　　　　　　图 9-56 "修改模式"菜单

③ 在"修改剖面线"菜单上选择"间距"，打开如图 9-57 所示的"修改模式"菜单，在"修改模式"菜单中选择"一半"，使剖面线更密，结果如图 9-58 所示。在菜单上选择"完成"，完成剖面线的修改。

　　　　　　　　　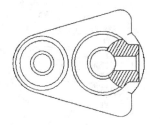

图 9-57 "修改模式"菜单　　　　　　　图 9-58 加密的剖面线

（8）删除截面注释。

① 将工具栏切换到"注释"，如图 9-59 所示。

图 9-59　"注释"工具栏

② 在绘图区单击选择注释文本，然后在"注释"工具栏上单击✖删除，即可删除注释文本。或者在选择注释文本后单击右键，从右键菜单中选择"删除"，也可删除注释文本，还可以直接按键盘上的删除键进行删除。删除注释文本后，结果如图 9-60 所示。

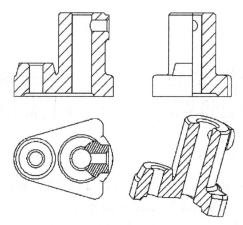

图 9-60　删除注释文本后的视图

（9）保存文件。

9.3.4　破断视图与移出剖面图

这里以千斤顶螺杆顶针（零件图请参照第 4 章的图 4-89）为例介绍破断视图与移出剖面图的创建方法。

（1）创建如图 9-61 所示的主视图。

图 9-61　主视图

（2）创建破断视图。

① 双击主视图，打开"绘图视图"对话框，在"类别"栏选择"可见区域"，将"视图可见性"设置为"破断视图"，结果如图 9-62 所示。

② 单击添加断点工具✚，系统提示草绘一条水平或垂直的破断线。在主视图上需要破断的地方的实体边线上单击一点，在该点的下方再单击另一点，系统自动经过第一点绘制一条竖直的破断线，并以"十"字标记第一点，如图 9-63 所示。系统提示拾取一个点定义第二

条破断线，在第二个需破断的地方的实体边线上单击一点，系统自动经过该点绘制一条与第一条破断线平行的第二条破断线，并以"十"字标记该点，如图 9-64 所示。

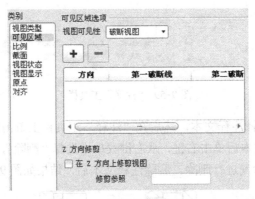

图 9-62　设置"破断视图"

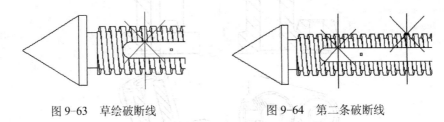

图 9-63　草绘破断线　　　　　　　　　　　　图 9-64　第二条破断线

③ 拖动如图 9-62 所示对话框下方的滚动条，直到出现"破断线造型"栏，将"破断线造型"设置为"视图轮廓上的 S 曲线"，如图 9-65 所示。

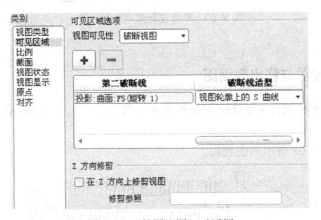

图 9-65　"绘图视图"对话框

④ 在"绘图视图"对话框上单击"确定"按钮，完成破断视图的创建，结果如图 9-66 所示。

注意：视图破断后分成了两段。激活破断视图的前面一段，按住鼠标拖动可以移动整个视图；激活后面的一段，按住鼠标水平拖动可以调整两段之间的距离。

（3）创建移出剖面图。

① 在需要创建移出剖面图的位置创建一个基准平面。打开螺杆顶针的模型文件，系统进入零件模式，将螺杆顶针的右端面偏移 25 创建基准平面 DTM2，如图 9-67 所示。

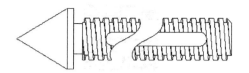
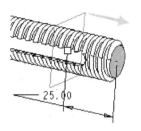

图 9-66 破断视图　　　　　　　　　图 9-67 创建基准平面

② 关闭模型文件，将窗口切换到工程图窗口，在"布局"工具栏打开"模型视图"右边的下拉列表，如图 9-68 所示，选择"旋转"。

图 9-68 "模型视图"下拉列表

③ 系统提示选取旋转视图的父视图，在图形区选择破断视图（任意一段），系统提示选取绘制视图的中心点，在破断视图上方适当位置单击，系统弹出"绘图视图"对话框和如图 9-69 所示的"剖截面创建"菜单，选择"完成"，弹出"输入剖面名"文本框，输入 A 并回车，弹出"设置平面"和"选取"菜单，在导航区的模型树中选择 DTM2 基准面作为剖切面。

④ 在"绘图视图"对话框单击"确定"按钮，完成移出剖面图的绘制，结果如图 9-70 所示。

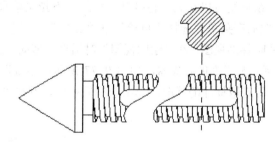

图 9-69 "剖截面创建"菜单　　　　　　　图 9-70 移出剖面图

9.3.5　阶梯剖视图

下面以托架零件（零件图请参照第 4 章的图 4-91）为例介绍阶梯剖视图的创建方法。

（1）创建如图 9-71 所示的主视图和俯视图。

（2）将主视图修改为阶梯剖视图。

① 双击主视图，打开"绘图视图"对话框，在"类别"栏选择"截面"，然后选择"2D 剖面"。

② 单击添加剖截面工具 ，弹出"剖截面创建"菜单，选择"偏移"，如图 9-72 所示，接着选择"完成"，系统弹出"输入剖面名"文本框，输入名称 A 并回车。

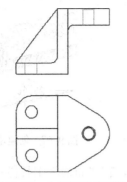

图 9-71　主视图和俯视图　　　　图 9-72　"剖截面创建"菜单

③ 系统自动打开模型文件，切换到零件模式，并弹出如图 9-73 所示菜单。在零件模式下选择 TOP 面，弹出如图 9-74 所示的"方向"菜单，选择"确定"，弹出如图 9-75 所示的"草绘视图"菜单，选择"缺省"，系统自动进入草绘模式。

图 9-73　"设置草绘平面"和"选取"菜单　　　图 9-74　"方向"菜单　　　图 9-75　"草绘视图"菜单

④ 在草绘环境可以在菜单栏打开"草绘"下拉菜单来选择绘图命令，绘制如图 9-76 所示的图形，然后在菜单栏选择"草绘"→"完成"，系统自动返回工程图工作界面。

⑤ 标注阶梯剖视图。在"绘图视图"对话框中拖动下面的滚动条，直到出现"箭头显示"栏，单击激活该栏下面的收集器，如图 9-77 所示。系统提示"给箭头选出一个截面在其处垂直的视图"，即选取标注的视图，单击选择俯视图，并在"绘图视图"对话框中单击"应用"按钮。

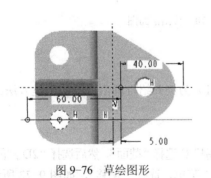

图 9-76　草绘图形　　　　　　　　图 9-77　"箭头显示"栏

⑥ 在"绘图视图"对话框中将显示样式设置为"消隐"，单击"确定"按钮，完成阶梯

剖视图的创建，结果如图 9-78 所示。

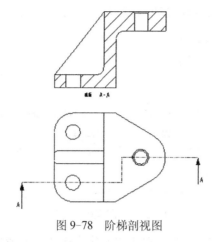

图 9-78　阶梯剖视图

9.3.6　旋转剖视图

以图 9-79 所示零件（厚度为 30）为例来介绍旋转剖视图的创建方法。

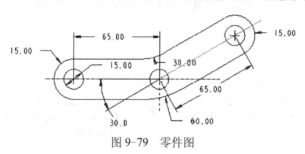

图 9-79　零件图

（1）创建如图 9-80 所示的主视图和俯视图。

（2）双击俯视图，打开"绘图视图"对话框，在"类别"栏选择"截面"，然后选择"2D 剖面"。

（3）单击添加剖截面工具 ✚，弹出"剖截面创建"菜单，选择"偏移"→"双侧"→"单一"→"完成"，系统弹出"输入剖面名"文本框，输入名称 A 并回车。

（4）系统自动打开模型文件，并切换到零件模式，弹出"设置草绘平面"和"选取"菜单，在零件模式下选择 FRONT 面作为草绘面，系统弹出"方向"菜单，选择"确定"，弹出"草绘视图"菜单，选择"缺省"，系统自动进入草绘模式。

（5）在草绘环境可以通过"草绘"下拉菜单选择绘图命令，绘制如图 9-81 所示的图形。然后在菜单栏选择"草绘"→"完成"。系统自动返回工程图工作界面。

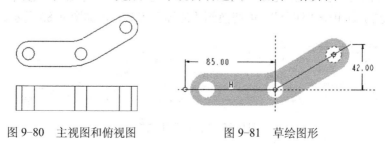

图 9-80　主视图和俯视图　　　　图 9-81　草绘图形

（6）在"绘图视图"对话框中将"剖切区域"设置为"全部（对齐）"，系统提示选取轴，在俯视图上选取中间孔的轴线 A3，结果如图 9-82 所示，在对话框中单击"应用"按钮。

图 9-82 "绘图视图"对话框

（7）将显示样式设置为"消隐"，单击"确定"按钮，完成旋转剖视图的创建，结果如图 9-83 所示。

（8）激活俯视图，然后单击右键，从右键菜单上选择"添加箭头"，系统弹出"选取"菜单，并提示"给箭头选出一个截面在其处垂直的视图"，然后选择主视图，结果如图 9-84 所示。

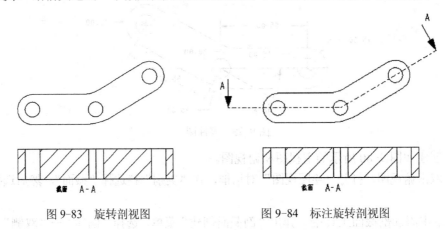

图 9-83 旋转剖视图　　　　　　　　图 9-84 标注旋转剖视图

注意：① 在 Pro/E 中，旋转剖视图会在其旋转的轴线位置创建一条投影线。
② 旋转剖视图可以创建在投影视图上，但不能创建在一般视图上。

9.4 工程图的标注

Pro/E 工程图的标注功能（包括尺寸标注和添加注释等）都集中在"注释"工具栏中。在工程图界面左上方单击"注释"，可切换到"注释"工具栏，如图 9-85 所示。

图 9-85 "注释"工具栏

在 Pro/E 工程图中，可以标注两种尺寸，一种是驱动尺寸，一种是从动尺寸。驱动尺寸的标注是将模型的定义尺寸显示在工程图上。驱动尺寸能被修改，并且所做的修改会实时反映到 3D 模型上。同样，在 3D 模型上修改模型的尺寸，工程图上的相应尺寸也会随着变化。驱动尺寸不能被删除，但是能够显示或拭除（不显示）。从动尺寸是用户根据需要人为添加的尺寸，这些尺寸不能驱动模型。从动尺寸不能被修改，但可以被覆盖，也可以被删除。用户可标注模型本身、两个草绘图元以及草绘图元与模型之间的从动尺寸。

9.4.1 驱动尺寸的标注

驱动尺寸的标注通过单击"显示模型注释"按钮 ![显示模型注释] 来实现。单击该按钮，可打开如图 9-86 所示的对话框，该对话框中共有 ←→ （尺寸）、![几何公差] （几何公差或形位公差）、A≡（注释）、32/ （表面粗糙度）、![符号] （符号）和 ![基准] （基准）六个选项卡，默认为 ←→ （尺寸）选项卡。在"尺寸"选项卡上单击"类型"旁边的下拉按钮，可以打开如图 9-87 所示"尺寸类型"菜单，用于选择标注的尺寸类型。驱动尺寸可以按视图、特征或元件（当模型为组件时）的方式来标注。

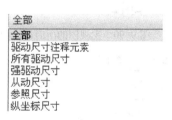

图 9-86 "显示模型注释"对话框　　　　　　　　图 9-87 "尺寸类型"菜单

驱动尺寸的公差的显示以及其显示形式，由配置文件中的"tol_display"和"tol_mode"两个选项控制，其中"tol_display"用于控制是否显示尺寸公差，"tol_mode"用于控制公差的显示类型，这两个选项只对驱动尺寸起作用。在工程图中标注驱动尺寸之前，先要对这两个选项进行设置，可在菜单栏选择"文件"→"绘图选项"，打开"选项"对话框来进行设置。

现在以千斤顶的定位螺钉零件为例来介绍驱动尺寸的标注方法。定位螺钉的工程图如图 9-88 所示，其模型树如图 9-89 所示。

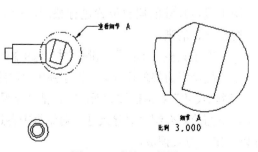

图 9-88 螺钉工程图　　　　　　　　　　　图 9-89 模型树

1. 按视图标注

打开"显示模型注释"对话框，在"类型"下拉菜单中选择"所有驱动尺寸"，然后在工程图中选择主视图，则主视图的所有驱动尺寸都会显示出来，如图 9-90 所示。同时，这些尺寸也列表显示在"显示模型注释"对话框中，如图 9-91 所示。从这些尺寸列表中可以选择要在主视图显示的尺寸。在对话框中单击⠀表示全选，单击⠀表示全部清除。在上述列表中勾选 d1、d2 和 d4 三个尺寸，如图 9-92 所示，然后在对话框中单击"确定"按钮，结果如图 9-93 所示。

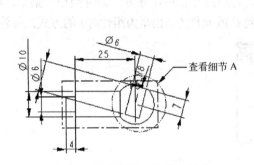

图 9-90　主视图的所有驱动尺寸

图 9-91　"显示模型注释"对话框

图 9-92　勾选要显示的尺寸

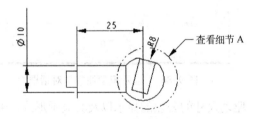

图 9-93　显示结果

标注的尺寸可以手动调整其放置位置。单击某一尺寸，然后按住鼠标左键拖动，可以移动尺寸的放置位置。如将 R8 移动到其他位置，如图 9-94 所示。

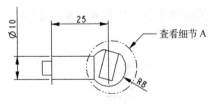

图 9-94　移动尺寸 R8

标注的尺寸也可以通过"整理尺寸"工具对工程图上线性尺寸的摆放位置进行整理，让工程图页面变得整洁、清晰。

在工具栏上单击⠀清除尺寸（这里翻译不准确，恰当的翻译应为整理尺寸），程序弹出"清除尺寸"对话框和"选取"菜单，在选择了尺寸后，"清除尺寸"对话框被激活，它包括"放置"和"修饰"两个选项卡，如图 9-95 和图 9-96 所示。下面简要介绍"清除尺寸"对话框中各选项的功能。

（1）分隔尺寸：对所选取的尺寸以一定的方式摆放。

偏移：视图轮廓线（或所选基线）与视图中离它们最近的那个尺寸间的距离。

图 9-95 "放置"选项卡

图 9-96 "修饰"选项卡

增量：相邻的两个尺寸的间距。

（2）偏移参照：尺寸偏移的基准，在整理尺寸时，尺寸从偏移参照处向视图轮廓外或基线的指定侧偏移一个"偏距"值，其他尺寸在该尺寸的基础上以"增量"值的间距向指定方向排列。

视图轮廓：以视图的轮廓为偏移的参照。

基线：以选取的基线为尺寸偏移的参照。单击"基线"下方的箭头按钮 ，即可在视图中选择平直棱边、基准平面和轴线等作为基线。单击"反向箭头"按钮，可改变尺寸偏移的方向。

（3）创建捕捉线：选中该选项，在页面中显示表示垂直或水平尺寸位置的虚线。

（4）破断尺寸界线：尺寸界线在与其他尺寸界线或草绘图元相交的位置断开。

（5）反向箭头：尺寸界线内放不下箭头时，将其箭头自动反向到尺寸界线外面。

（6）居中文本：使每个尺寸的尺寸文本位于尺寸界线的中间。如果尺寸界线中间放不下，则根据"水平"和"垂直"优先选项放置到尺寸界线外面。

2．按特征标注

在"显示模型注释"对话框中选择"类型"为"所有驱动尺寸"后，在导航区的模型树上选择特征如"旋转1"，则该特征的所有驱动尺寸会显示在视图上（如图 9-97 所示）和"显示模型注释"对话框的列表中（如图 9-98 所示）。在列表中勾选"d1"尺寸，然后在对话框中单击"确定"按钮，显示结果如图 9-99 所示。

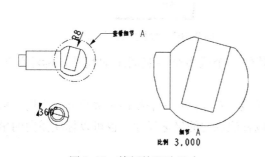

图 9-97 特征的驱动尺寸

图 9-98 "显示模型注释"对话框

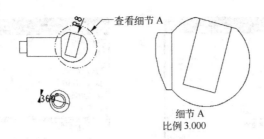

图 9-99　显示结果

9.4.2　从动尺寸的标注

从动尺寸的标注可通过如图 9-100 所示标注工具栏来进行。该工具栏既可以标注尺寸，也可以标注基准、几何公差、表面粗糙度和注释等。下面对常用的标注工具的功能介绍如下。

（新参照）：选择 1 个或 2 个尺寸依附的参照来创建尺寸。根据选取的参照不同，可标注出角度、线性、半径或直径尺寸。在工具栏上单击，系统弹出如图 9-101 所示的"依附类型"

图 9-100　标注工具栏

菜单。其中"图元上"为通过选取一个或两个图元来标注；"在曲面上"为通过选取曲面进行标注，用于曲面类零件视图的标注；"中点"为通过捕捉对象的中点来标注尺寸。"中心"为通过捕捉圆或圆弧的中心来标注尺寸；"求交"为通过捕捉两图元的交点来标注尺寸，交点可以是虚的（延长后才能相交）；"做线"为通过选取"两点"、"水平方向"或"垂直方向"来标注尺寸。

如果选取的线性尺寸的开始依附点和结束依附点在横向和纵向都不对齐，在单击中键（滚轮）放置尺寸时，系统会弹出如图 9-102 所示的"尺寸方向"菜单。其中"水平"用于创建一个水平的线性尺寸；"垂直"用于创建一个竖直的线性尺寸；"倾斜"用于在所选的两点间创建倾斜的线性尺寸；"平行"用于创建与参考直线平行的线性尺寸；"法向"用于创建与参考直线垂直的尺寸。

图 9-101　"依附类型"菜单

图 9-102　"尺寸方向"菜单

（公共参照）：在一个公共参照和其他一个或多个参照间添加尺寸，标注效果如图 9-103 所示。

（纵坐标）：纵坐标尺寸是从标识为基线的对象测量出的线性距离尺寸，可用于标注单一方向的用坐标表示的尺寸。该工具既可以标注纵向的坐标尺寸，也可以标注横向的坐标尺寸，如图 9-104 所示。

（自动标注纵坐标尺寸）：在零件和钣金零件中自动创建纵坐标尺寸。

图 9-103　公共参照尺寸　　　　　　　　　图 9-104　纵坐标尺寸

　　(Z 半径)：创建弧的特殊半径尺寸，该标注允许用户定位与实际的弧中心不是同一点的"虚构"中心。系统会自动将一个 Z 形拐角添加到尺寸线上，表明该尺寸线已透视缩短，如图 9-105 所示。

　　(坐标)：为标签和导引框分配一个现有的 x 坐标方向和 y 坐标方向的尺寸，其标注效果如图 9-106 所示。

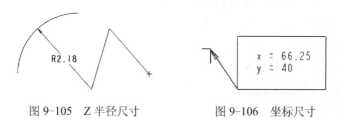

图 9-105　Z 半径尺寸　　　　　　　　图 9-106　坐标尺寸

　　　、　　和　　用于标注参考尺寸，其功能分别与上述的　　、　　和　　基本相同，唯一不同的，是参考尺寸创建后，会在尺寸后面加上"参照"字样，如图 9-107 所示。

（a）用　　标注的尺寸　　　　　　　（b）用　　标注的尺寸

图 9-107　用　　与　　标注尺寸的区别

　　(几何公差)：用于标注几何公差（或形位公差）。

　　(表面粗糙度)：用于标注表面粗糙度。同一表面只能有一个表面粗糙度，不能在两个视图中标注同一表面的粗糙度。

　　(注解)：用于创建注解（或注释）。在标注工具栏单击　　，系统弹出如图 9-108 所示的"注解类型"菜单，该菜单中各选项的含义介绍如下。

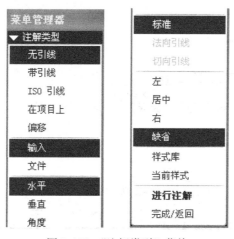

图 9-108　"注解类型"菜单

无引线：创建的注释不带有指引线，注释可自由放置。创建此类型的注释时，只需给出注释文本以及指定注释的位置即可。

带引线：创建带有指引线的注释，并用指引线连接到指定的参照图元上，需要指定连接的样式和指引线的定位方式。

ISO 引线：创建 ISO 样式的方向指引。

在项目上：将注释连接在边或曲线等图元上。

偏移：注释和选取的尺寸、公差和符号等间隔一定距离。

输入：直接通过键盘输入文字，按回车键可以换行。

文件：从文件中导入文字，文件格式为*.txt。

水平、垂直与角度：文字的排列方式。

标准/法向引线/切向引线：指引线的形式。

左/居中/右/缺省：文字的对齐方式。

样式库：创建或编辑文本样式。

当前样式：设置当前文本样式。

9.4.3 尺寸文本的编辑

无论标注的是驱动尺寸，还是从动尺寸，都可以对其文本进行编辑。选中要编辑的尺寸，然后单击右键，在弹出的快捷菜单中选择"属性"，或直接双击标注的尺寸，系统弹出"尺寸属性"对话框，如图 9-109 所示。该对话框共有"属性"、"显示"和"文本样式"三个选项卡。"属性"选项卡用于编辑尺寸的格式、小数位数、尺寸文本的显示方式和编辑尺寸公差值等。"显示"选项卡用于为尺寸文本添加前缀、后缀等。"文本样式"选项卡用于编辑文本的字体、字高、字的粗细、倾斜角度和显示下画线等。

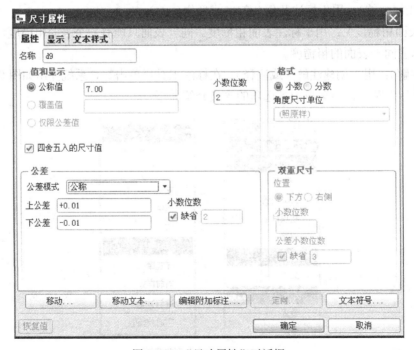

图 9-109 "尺寸属性"对话框

9.4.4　千斤顶底座零件工程图的标注

千斤顶底座零件的工程图如图 9-110 所示,现以该工程图的标注为例来介绍标注的方法。

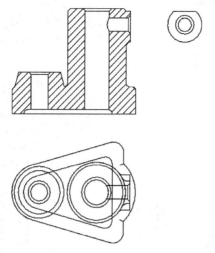

图 9-110　千斤顶底座零件工程图

1．在孔中心创建中心轴

（1）在"注释"工具栏中打开"插入"下拉菜单,然后单击打开"模型基准平面"右边的下拉菜单,如图 9-111 所示,选择"模型基准轴"。

（2）打开"轴"对话框,在名称栏输入"A_1",如图 9-112 所示,然后单击"定义"按钮,系统弹出如图 9-113 所示的"基准轴"菜单,选择"过柱面",弹出"选取"菜单,然后在主视图上单击选取右边竖直孔（螺杆顶针的安装孔）的圆柱面,结果如图 9-114 所示。

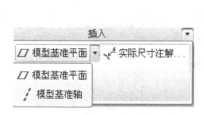

图 9-111　打开下拉菜单

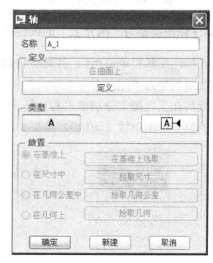

图 9-112　"轴"对话框

（3）在"轴"对话框中单击"确定"按钮,完成"A_1"轴的创建。

（4）按上述同样的方法创建其他两个孔的中心轴,结果如图 9-115 所示。

（5）在工具栏上单击 🔳,关闭基准轴的显示,结果如图 9-116 所示。

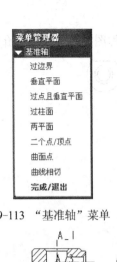

图 9-113　"基准轴"菜单

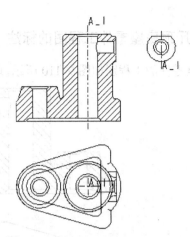

图 9-114　创建中心轴 A_1

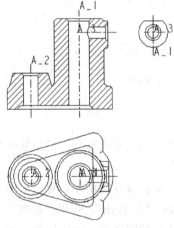

图 9-115　创建的中心轴

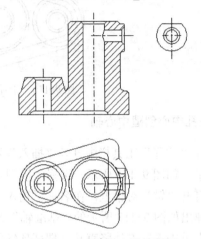

图 9-116　关闭中心轴的显示

2. 标注依附类型为"图元上"的线性尺寸

（1）在标注工具栏单击 ⊢⊣，打开"依附类型"和"选取"菜单，如图 9-117 所示，接受默认的依附类型为"图元上"。

（2）然后在主视图上分别单击右边竖直孔的两条边线作为开始参照和结束参照，接着在放置尺寸的位置单击中键（滚轮），结果如图 9-118 所示。

图 9-117　"依附类型"和"选取"菜单

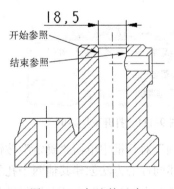

图 9-118　标注的尺寸

（3）在"选取"菜单上单击"确定"按钮，然后在"依附类型"菜单上选择"返回"，完成尺寸标注。

（4）在图形区双击该尺寸，打开"尺寸属性"对话框，在公差栏将"公差模式"设置为"加-减"，上公差设置为"+0.01"，下公差设置为"0"，结果如图 9-119 所示。

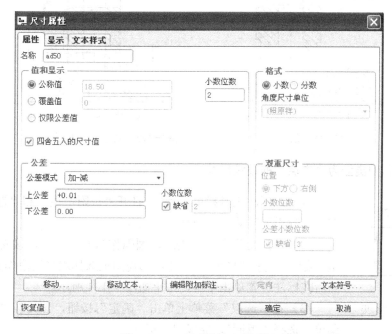

图 9-119 "尺寸属性"对话框

（5）在"尺寸属性"对话框上单击"显示"，切换到"显示"选项卡，如图 9-120 所示，单击"前缀"后面的文本框，将光标插入到该文本框，然后单击"尺寸属性"对话框下面的"文本符号"按钮，打开如图 9-121 所示的"文本符号"对话框，单击符号 ⌀ 。

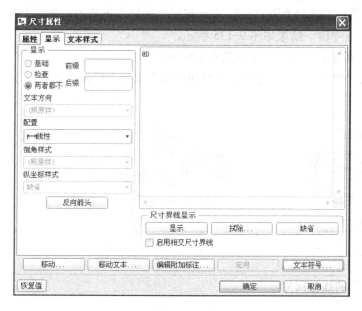

图 9-120 "显示"选项卡

图 9-121 "文本符号"对话框

（6）在"尺寸属性"对话框中单击"确定"按钮，完成尺寸的修改，结果如图9-122所示。

（7）按上述同样的方法，标注其他尺寸，如图9-123所示。

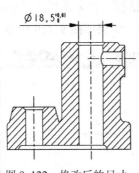

图9-122　修改后的尺寸

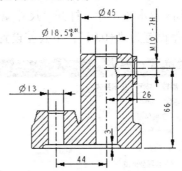

图9-123　其他尺寸的标注

3．标注依附类型为"中点"的线性尺寸

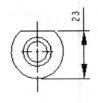

图9-124　标注结果

（1）在标注工具栏单击↤，打开"依附类型"和"选取"菜单，在"依附类型"菜单上选择"中点"。

（2）在局部视图上单击选取圆弧作为开始参照，接着在"依附类型"菜单上选择"图元上"，在局部视图上选择水平线段作为结束参照，然后在标注位置单击中键，结果如图9-124所示。

（3）在"选取"菜单上单击"确定"按钮，然后在"依附类型"菜单上选择"返回"，完成尺寸标注。

4．标注依附类型为"中心"的线性尺寸

（1）在标注工具栏单击↤，打开"依附类型"和"选取"菜单。

（2）在"依附类型"菜单上选择"中心"，然后在俯视图上单击选取ϕ13圆的圆弧作为开始参照，接着在"依附类型"菜单上选择"图元上"，在俯视图上选择右下角的竖直线段作为结束参照，然后在标注位置单击中键，结果如图9-125所示。

（3）按上述同样的方法标注其他的尺寸，结果如图9-126所示。

（4）在"选取"菜单上单击"确定"按钮，然后在"依附类型"菜单上选择"返回"，完成尺寸标注。

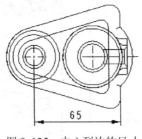

图9-125　中心到边的尺寸

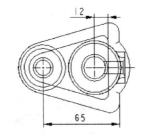

图9-126　其他尺寸的标注

5．标注依附类型为"求交"的线性尺寸

（1）在标注工具栏单击↤，打开"依附类型"和"选取"菜单。

（2）在"依附类型"菜单上选择"求交"，然后按住 Ctrl 键在俯视图上单击选取两条相交线，系统自动标识出其交点，如图 9-127 所示。接着按同样方法选择另外两条相交线，然后在标注位置单击中键，系统弹出如图 9-128 所示的"尺寸方向"菜单，选择"垂直"，结果如图 9-129 所示。

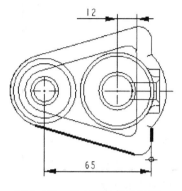
图 9-127　选择两个相交图元

图 9-128　"尺寸方向"菜单

（3）按上述同样方法标注其他尺寸，如图 9-130 所示。

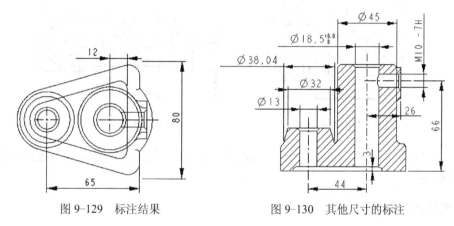

图 9-129　标注结果

图 9-130　其他尺寸的标注

（4）在"选取"菜单上单击"确定"按钮，然后在"依附类型"菜单上选择"返回"，完成尺寸标注。

（5）双击尺寸ϕ38.04 打开"尺寸属性"对话框，在"值和显示"栏勾选"覆盖值"，并在文本框中输入 38，如图 9-131 所示。在对话框中单击"确定"按钮，结果如图 9-132 所示。

6. 公共参照尺寸的标注

（1）在标注工具栏单击▭，打开"依附类型"和"选取"菜单，接受默认的依附类型为"图元上"。

（2）在主视图的左边选择底线作为公共参照，然后在"依附类型"上选择"求交"，接着按住 Ctrl 键选择左边的竖直线和倒圆角的圆弧，然后在标注位置单击中键，结果如图 9-133 所示。

（3）在"依附类型"上选择"图元上"，选择凸台的上端面，在标注位置单击中键，标注出第二个公共参照尺寸。接着选择底座的上端面，在标注位置单击中键，完成第三个公共参照尺寸的标注，结果如图 9-134 所示。

图 9-131 "尺寸属性"对话框

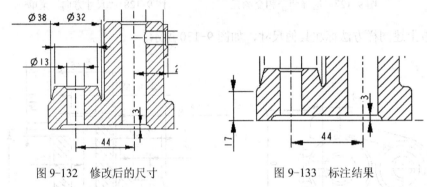

图 9-132 修改后的尺寸   图 9-133 标注结果

（4）在"选取"菜单上单击"确定"按钮，然后在"依附类型"菜单上选择"返回"，完成尺寸标注。

7. 标注径向尺寸

（1）在标注工具栏单击⊢┤，打开"依附类型"和"选取"菜单，接受默认的依附类型为"图元上"。在局部视图上双击圆弧，然后在标注位置单击中键，结果如图 9-135 所示。

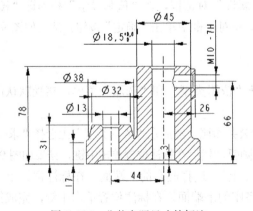

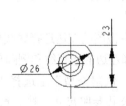

图 9-134 公共参照尺寸的标注   图 9-135 直径的标注

（2）依附类型仍然为"图元上"，在俯视图上单击最左边的圆弧，然后在标注位置单击中键，结果如图 9-136 所示。

（3）按上述同样的方法标注其他的半径，结果如图 9-137 所示。

（4）在"选取"菜单上单击"确定"按钮，然后在"依附类型"菜单上选择"返回"，完成尺寸标注。

至此，完成了底座零件尺寸的标注，结果如图 9-138 所示。

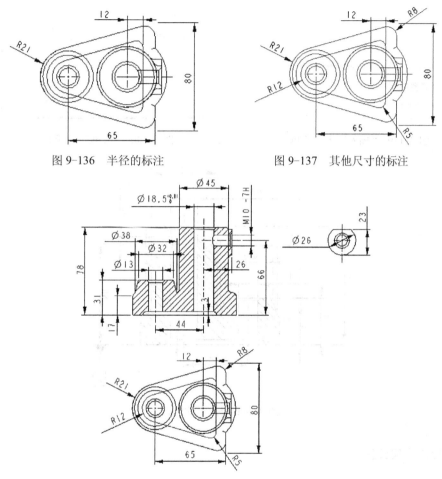

图 9-136　半径的标注　　　　　　　图 9-137　其他尺寸的标注

图 9-138　底座零件尺寸的标注

8．标注基准

（1）在"注释"工具栏打开"插入"下拉菜单，然后单击打开"模型基准轴"右边的下拉菜单，如图 9-139 所示。

（2）在菜单中选择"模型基准平面"，打开"基准"对话框，在"名称"栏输入"A"，在"类型"栏选择 ![A◄]，在"放置"栏选择"在尺寸中"，如图 9-140 所示。

（3）在对话框中单击"拾取尺寸"按钮，然后在主视图选择"66"的尺寸。再在对话框中单击"在曲面上"按钮，然后在主视图选择底座的底面，在"基准"对话框中单击"确定"按钮，完成基准的标注，结果如图 9-141 所示。

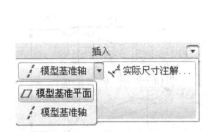

图 9-139 "插入"下拉菜单

图 9-140 "基准"对话框

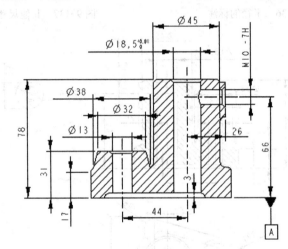

图 9-141 标注基准面

9. 标注几何公差

（1）在工具栏上单击 ，系统弹出"几何公差"对话框，在对话框左边的公差符号栏中选择"垂直度"公差符号 ，将"参照"栏的"类型"设置为"轴"，如图 9-142 所示。

（2）在"参照"栏中单击"选取图元"，程序弹出"选取"菜单，在主视图中选择ϕ18.5 孔的中心轴线。

（3）"放置"栏被激活，接受默认的放置类型为"尺寸"，单击"放置"栏的"放置几何公差"按钮，程序弹出"选取"菜单，在主视图上选择ϕ18.5 的尺寸。

（4）在"几何公差"对话框中切换到"基准参照"选项卡，在"首要"栏打开"基本"右边的下拉菜单，选择"A"，如图 9-143 所示。

（5）切换到"公差值"选项卡，将"总公差"设置为 0.001，如图 9-144 所示。在"几何公差"对话框中单击"确定"按钮，完成几何公差的创建，结果如图 9-145 所示。

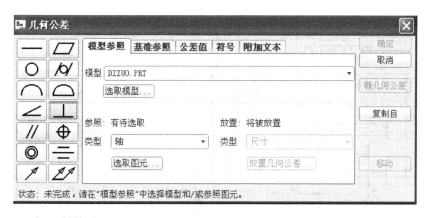

图 9-142 "几何公差"对话框

图 9-143 "基准参照"选项卡

图 9-144 "公差值"选项卡

10. 添加表面粗糙度

（1）在标注工具栏单击 ，弹出"得到符号"菜单，如图 9-146 所示。

（2）在"得到符号"菜单中选择"检索"，程序弹出"打开"对话框，在对话框中依次选择"machined"→"打开"→"standard1.sym"，如图 9-147 所示。在"打开"对话框中单击"打开"按钮。

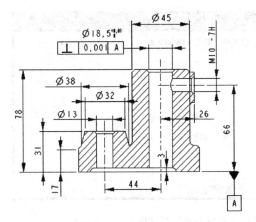

图 9-145　标注几何公差　　　　　　　　　　图 9-146　"得到符号"菜单

（3）系统弹出如图 9-148 所示的"实例依附"菜单。在菜单中选择"法向"，程序弹出"选取"菜单，在局部视图上单击水平线作为放置粗糙度符号的参照。

图 9-147　选择"standard1.sym"　　　　　　　图 9-148　"实例依附"菜单

（4）系统弹出"输入 roughness_height 的值"对话框，输入粗糙度值 25，如图 9-149所示，然后按回车键。

图 9-149　"粗糙度输入"对话框

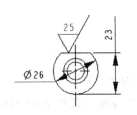

图 9-150　标注表面粗糙度

（5）在"选取"菜单上单击"确定"按钮，然后在"实例依附"菜单上选择"完成/返回"，完成表面粗糙度的标注，结果如图 9-150 所示。

（6）双击标注的粗糙度，打开"表面粗糙度"对话框，在"属性"栏将"高度"设置为 2，如图 9-151 所示，在对话框中单击"确定"按钮，完成属性的修改，并将粗糙度符号移动到合适位置，结果如图 9-152 所示。

（7）再次在标注工具栏单击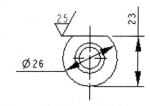，弹出"得到符号"菜单，选择"名称"，在下方弹出"符号名称"列表，单击选择"STANDARD1"，如图 9-153 所示。

图 9-151 "表面粗糙度"对话框

图 9-152 修改结果

（8）系统弹出"实例依附"菜单，如图 9-154 所示，选择"法向"，在主视图选择底座的底面。系统弹出"输入 roughness_height 的值"对话框，输入粗糙度值 25。在"选取"菜单上单击"确定"按钮，然后在"实例依附"菜单上选择"完成/返回"，完成表面粗糙度的标注。然后双击标注的粗糙度，打开"表面粗糙度"对话框，在"属性"栏将"高度"设置为 2，结果如图 9-155 所示。

（9）单击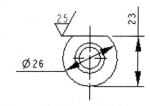，弹出"得到符号"菜单，选择"名称"→"STANDARD1"。

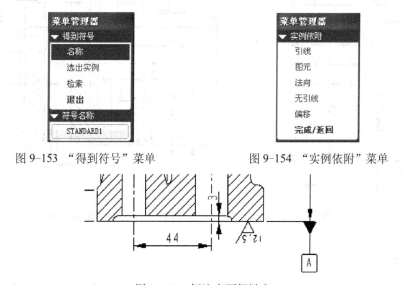

图 9-153 "得到符号"菜单　　　　图 9-154 "实例依附"菜单

图 9-155 标注表面粗糙度

（10）弹出"实例依附"菜单，选择"无引线"，系统弹出"获得点"菜单，接受默认的"选出点"，如图 9-156 所示。此时粗糙度符号黏附在鼠标指针上随指针移动，在工程图空白处任意位置单击一点作为放置粗糙度符号的位置。

（11）系统弹出"输入 roughness_height 的值"对话框，输入粗糙度值 25，回车。

（12）系统在刚才单击位置创建一个粗糙度标注。

（13）继续单击其他位置点，可以创建多个粗糙度标注，每单击一次，系统弹出"输入 roughness_height 的值"对话框，以创建多个不同的粗糙度标注，如图 9-157 所示。

图 9-156　"获得点"菜单　　　　　　图 9-157　标注多个粗糙度

（14）当不需要继续创建光洁度标注后，在"获得点"菜单上选择"退出"，然后在"实例依附"菜单上选择"完成/返回"，结束表面粗糙度的标注。

（15）修改粗糙度的高度，将高度修改为 2。

（16）将这些粗糙度标注移动到需要的位置，结果如图 9-158 所示。

（17）按照上述同样的方法，完成其他表面粗糙度的标注，结果如图 9-159 所示。

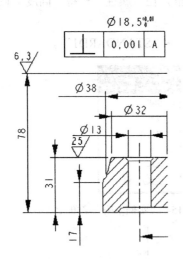

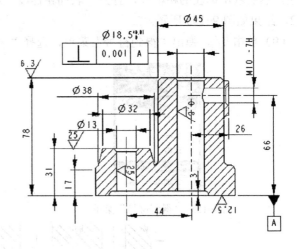

图 9-158　移动粗糙度符号　　　　　　图 9-159　其他表面粗糙度的标注

11. 创建注释

（1）在标注工具栏单击 ，弹出如图 9-160 所示的"注解类型"菜单，接受默认的设置，选择"进行注解"。

（2）弹出"获得点"菜单，如图 9-161 所示，接受默认的"选出点"，在工程图上需要注释的位置单击。

图 9-160 "注解类型"菜单　　　　　　　图 9-161 "获得点"菜单

（3）系统弹出如图 9-162 所示的"输入注解"对话框和如图 9-163 所示的"文本符号"对话框。在"输入注解"对话框中输入"技术要求"，回车。系统再次弹出"输入注解"对话框，输入"1. 未注圆角 R3～5。"，回车。继续在"输入注解"对话框输入"2. 未注倒角 C2。"，回车。继续输入"3. 去毛刺。"，然后连续按两次回车键，结束文本的输入，结果如图 9-164 所示。

（4）在"注解类型"菜单中选择"完成/返回"，完成注释的创建。

（5）双击注释文本，可以打开"注释属性"对话框，如图 9-165 所示。切换到"文本样式"选项卡，将"字符"栏的"高度"修改为 5，如图 9-166 所示。在对话框中单击"确定"按钮，完成"注释属性"的修改，结果如图 9-167 所示。

图 9-162 "输入注解"对话框

图 9-163 "文本符号"对话框

技术要求
1. 未注圆角 R3～5。
2. 未注倒角 C2。
3. 去毛刺。

图 9-164 标注注释

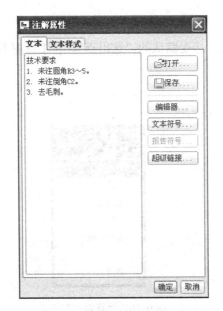

图 9-165 "注释属性"对话框

图 9-166 "文本样式"选项卡

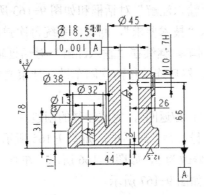

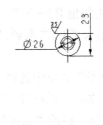

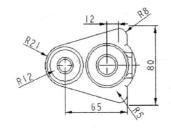

图 9-167 修改后的结果

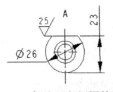

图 9-168 标注局部视图的注释

（6）按上述同样的方法完成局部视图注释的标注，如图 9-168 所示。

（7）在标注工具栏单击 **A**，弹出"注解类型"菜单，选择"带引线"→"输入"→"水平"→"标准"→"缺省"→"进行注解"。

（8）系统弹出"依附类型"和"选择"菜单，在"依附类型"菜单中选择"自由点"和"箭头"，如图 9-169 所示。在需要注释的位置单击一点作为箭头的起点，然后在"依附类型"

菜单中选择"完成。

（9）系统弹出如图 9-170 所示的"获得点"菜单，选择"选出点"，然后在箭头的起点右边单击一点作为注释的位置。

图 9-169 "依附类型"菜单 　　　　　　　图 9-170 "获得点"菜单

（10）系统弹出 "输入注解"对话框和"文本符号"对话框。在"输入注解"对话框中输入"A"，然后连续两次回车，结束文本的输入。

（11）在"注解类型"菜单中选择"完成/返回"，完成注释的创建，结果如图 9-171 所示。

（12）单击选取上述注释，结果如图 9-172 所示。将鼠标放在文本上按住拖动，可以将文本移动到合适的位置，如图 9-173 所示。

图 9-171 标注注释 　　　　图 9-172 选取注释 　　　　图 9-173 改变文本位置

12．完成工程图的标注

结果如图 9-174 所示。保存文件。

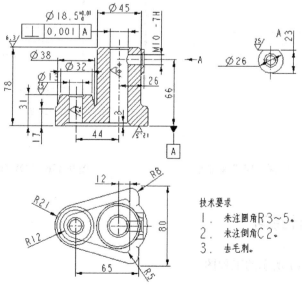

图 9-174 工程图的标注结果

9.5 工程图的格式转换

Pro/E 提供了丰富的交换接口，可将工程图文件转换为其他格式的文件，以供其他软件使用。这里以 Pro/E 工程图转换为 DWG 格式为例介绍工程图格式的转换。

（1）在主菜单选择"文件"→"保存副本"，打开"保存副本"对话框。

（2）打开"类型"旁边的下拉列表，其中列出了工程图文件可转换的文件格式，如图 9-175 所示。选择 DWG 格式，然后在"新名称"文本框中输入文件名，也可以直接采用默认的名称。

（3）单击"确定"按钮，弹出"DWG 的导出环境"对话框，在该对话框中可以设置 DWG 的版本号等内容，如图 9-176 所示。

（4）接受默认的设置，单击"确定"按钮即可以将 Pro/E 工程图的 DRW 格式转换为 DWG 格式。

注意：Pro/E 文件转换为其他格式文件后，转换后的文件与 Pro/E 文件没有关联性。

图 9-175 "保存副本"对话框

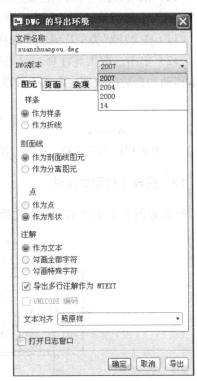

图 9-176 "DWG 的导出环境"对话框

9.6 工程图设计练习

（1）创建图 9-177 所示的工程图。

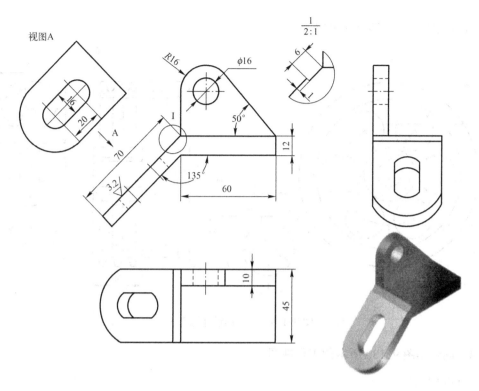

图 9-177　工程图设计练习 1

（2）创建如图 9-178 所示的工程图。

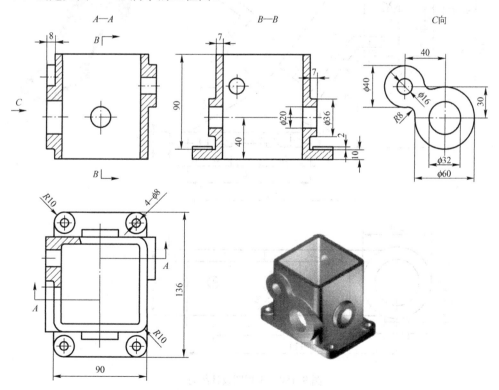

图 9-178　工程图设计练习 2

（3）创建如图 9-179 所示的工程图。

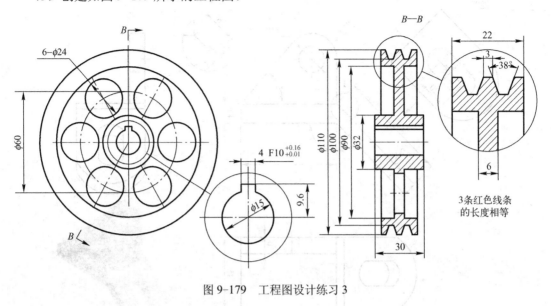

图 9-179　工程图设计练习 3

（4）创建如图 9-180 所示的工程视图。

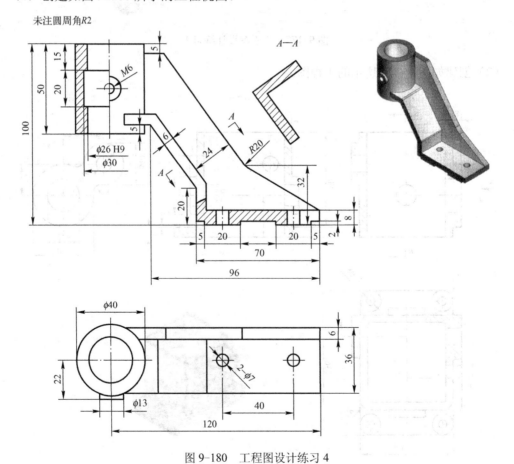

图 9-180　工程图设计练习 4

第10章　产品造型设计应用实例

10.1　踏脚座的造型

踏脚座的零件图如图 10-1 所示，其三维模型的创建步骤如下。

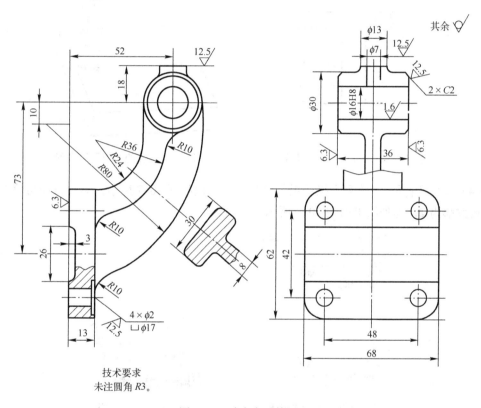

图 10-1　踏脚座零件图

（1）新建零件模型文件，文件名为 TAJIAOZUO.PRT。

（2）创建拉伸特征。以 TOP 面为草绘平面，RIGHT 面向右为参照，进入草绘，绘制如图 10-2 所示的截面，拉伸深度为 13，拉伸结果如图 10-3 所示。

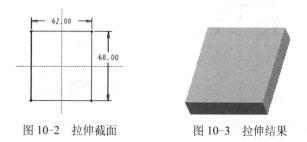

图 10-2　拉伸截面　　　　图 10-3　拉伸结果

（3）创建孔特征。"孔"操控板的设置如图 10-4 所示，孔的"形状"设置如图 10-5 所示，孔的"放置"设置如图 10-6 所示。

图 10-4　"孔"操控板

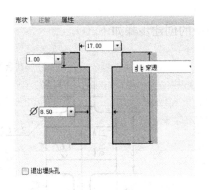

图 10-5　孔的"形状"设置

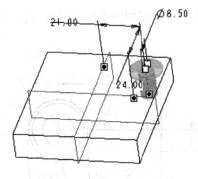

图 10-6　孔的"放置"设置

（4）阵列孔特征。"阵列"操控板的"尺寸"面板如图 10-7 所示，第一方向与第二方向的成员数都为 2，阵列结果如图 10-8 所示。

图 10-7　"尺寸"面板

图 10-8　陈列结果

（5）创建拉伸切除特征。以 TOP 面为草绘平面，RIGHT 面向右为参照，进入草绘，绘制如图 10-9 所示的截面，拉伸深度为 3，拉伸结果如图 10-10 所示。

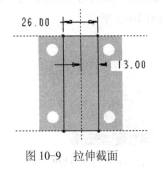

图 10-9　拉伸截面

图 10-10　拉伸结果

（6）创建拉伸特征。以 FRONT 面为草绘平面，RIGHT 面向右为参照，进入草绘，绘制如图 10-11 所示的截面，拉伸深度类型为 ⊟，深度值为 36，拉伸结果如图 10-12 所示。

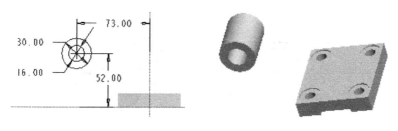

图 10-11　拉伸截面　　　　　　　　　　图 10-12　拉伸结果

（7）创建拉伸特征。以 FRONT 面为草绘平面，RIGHT 面向右为参照，进入草绘，绘制如图 10-13 所示的截面，拉伸深度类型为 ⊟，深度值为 30，拉伸结果如图 10-14 所示。

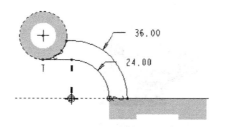

图 10-13　拉伸截面　　　　　　　　　　图 10-14　拉伸结果

（8）创建倒圆角特征。圆角半径为 10，倒圆角的边线如图 10-15 所示。

（9）创建轮廓肋特征。以 FRONT 面为草绘平面，RIGHT 面向右为参照，进入草绘，绘制如图 10-16 所示的截面，肋的厚度为 8，结果如图 10-17 所示。

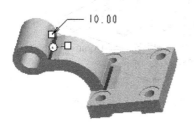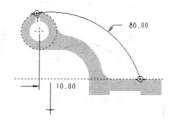

图 10-15　倒圆角 R10　　　　　　　　　图 10-16　轮廓肋的截面

（10）创建基准平面。将 RIGHT 面偏移 91 创建基准平面 DTM1 面，结果如图 10-18 所示。

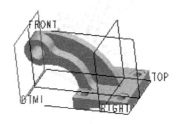

图 10-17　轮廓肋特征　　　　　　　　　图 10-18　创建基准平面 DTM1

（11）创建拉伸特征。以 DTM1 面为草绘平面，TOP 面向上为参照，进入草绘，绘制如图 10-19 所示的截面，拉伸到圆筒的外表面，拉伸结果如图 10-20 所示。

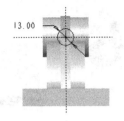

图 10-19　拉伸截面　　　　图 10-20　拉伸结果

（12）创建拉伸切除特征。以 DTM1 面为草绘平面，TOP 面向上为参照，进入草绘，绘制如图 10-21 所示的截面，拉伸到圆筒的内表面，拉伸结果如图 10-22 所示。

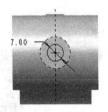

图 10-21　拉伸截面　　　　图 10-22　拉伸结果

（13）创建倒角特征。倒角距离为 2，倒角边线如图 10-23 所示。

（14）创建倒圆角特征。分别选取如图 10-24 和图 10-25 所示的边线进行倒圆角。

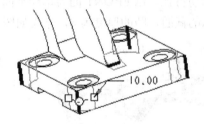

图 10-23　倒角　　　　　　图 10-24　倒圆角 R10

（15）完成产品造型，结果如图 10-26 所示，其模型树如图 10-27 所示，保存文件。

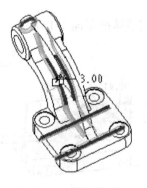

图 10-25　倒圆角 R3　　　　图 10-26　踏脚座三维模型

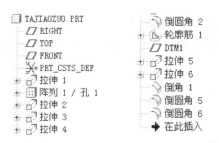

图 10-27 踏脚座零件的模型树

10.2 鼠标上盖的造型

创建如图 10-28 所示的鼠标上盖的三维实体模型。

（1）新建文件，文件名为 MOUSE.PRT。

（2）创建拉伸曲面 1。以 FRONT 面作为草绘平面，RIGHT 面向右为参照，进入草绘，绘制如图 10-29 所示的截面，其中曲线部分为样条曲面，拉伸深度为 45，拉伸结果如图 10-30 所示。

图 10-28 鼠标上盖的三维模型

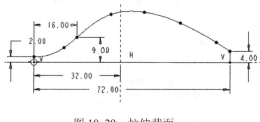

图 10-29 拉伸截面

图 10-30 拉伸曲面

（3）创建拉伸曲面 2。以 RIGHT 面为草绘平面，TOP 面向左为参照，进入草绘，绘制如图 10-31 所示的截面，其中曲线部分为样条曲线，拉伸深度类型为 $\square$，深度为 85，拉伸结果如图 10-32 所示。

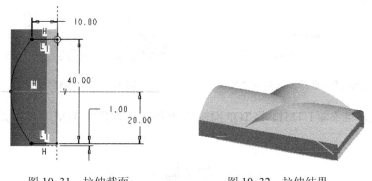

图 10-31 拉伸截面

图 10-32 拉伸结果

（4）曲面合并。合并两个拉伸曲面，结果如图 10-33 所示。

（5）将合并曲面实体化。

（6）创建拉伸切除特征。以 TOP 面为草绘平面，以 RIGHT 面向右为参照，绘制如图 10-34 所示的样条曲线作为截面，拉伸深度类型为穿透⌦ᏪᏪ，拉伸结果如图 10-35 所示。

 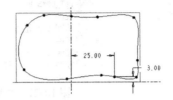

图 10-33　合并结果　　　　　　　　图 10-34　拉伸截面

（7）创建倒圆角特征。圆角半径为 20，倒圆角边线如图 10-36 所示，倒圆角结果如图 10-37 所示。

 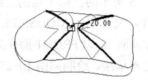

图 10-35　拉伸结果　　　　　　图 10-36　选择倒圆角的边线

（8）创建壳特征。选择底面作为移除面，壳的厚度为 1.5，抽壳结果如图 10-38 所示。

图 10-37　倒圆角结果　　　　　　图 10-38　抽壳结果

（9）创建倒圆角特征。圆角半径为 2.5，倒圆角的边线如图 10-39 所示，倒圆角结果如图 10-40 所示。

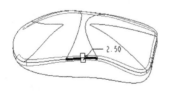 

图 10-39　选择倒圆角的边线　　　　　　图 10-40　倒圆角结果

（10）创建基准平面 DTM1。将 TOP 面偏移 20 创建基准平面 DTM1，结果如图 10-41 所示。

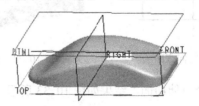

图 10-41　创建基准平面 DTM1

（11）创建拉伸切除特征。以 DTM1 面作为草绘平面，以 RIGHT 面向左为参照，进入草绘，绘制如图 10-42 所示的截面，拉伸深度为 12.5，拉伸结果如图 10-43 所示。

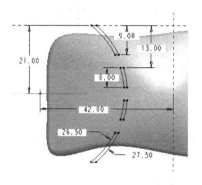

图 10-42　拉伸截面

图 10-43　拉伸结果

（12）创建拉伸切除特征。以 DTM1 面作为草绘平面，以 RIGHT 面向左为参照，进入草绘。绘制如图 10-44 所示的截面，拉伸深度为 18。拉伸结果如图 10-45 所示。

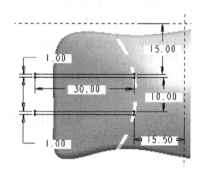

图 10-44　拉伸截面

图 10-45　拉伸结果

（13）创建拉伸切除特征。以 FRONT 面作为草绘平面，以 RIGHT 面向右为参照，进入草绘，绘制如图 10-46 所示的截面，拉伸深度类型为穿透，拉伸结果如图 10-47 所示。

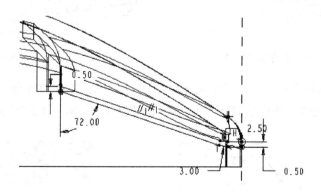

图 10-46　拉伸截面

（14）创建拉伸切除特征。以 DTM1 面作为草绘平面，以 RIGHT 面向右为参照，进入草绘，绘制如图 10-48 所示的截面，拉伸深度为穿透，拉伸结果如图 10-49 所示。

图 10-47　拉伸结果

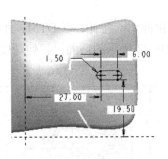

图 10-48　拉伸截面

（15）创建基准平面 DTM2。将 FRONT 面偏移 21 创建 DTM2 基准平面，结果如图 10-50 所示。

图 10-49　拉伸结果

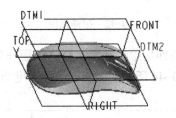

图 10-50　创建基准平面 DTM2

（16）创建基准轴 A_1。以 RIGHT 面和 DTM1 面的交线创建基准轴 A_1，结果如图 10-51 所示。

（17）创建基准平面 DTM3。过 A_1 轴并与 DTM1 面成 27° 夹角创建基准平面 DTM3，结果如图 10-52 所示。

图 10-51　创建基准轴 A_1

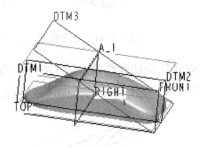

图 10-52　创建基准平面 DTM3

（18）创建扫描切除特征。以 DTM2 面作为草绘平面，RIGHT 面向左为参照，绘制如图 10-53 所示的轨迹线，然后绘制如图 10-54 所示的扫描截面，扫描结果如图 10-55 所示。

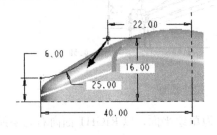

图 10-53　草绘的轨迹线

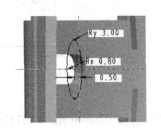

图 10-54　扫描截面

（19）创建倒圆角特征。圆角半径为 0.5，圆角边线如图 10-56 所示，结果如图 10-57 所示。

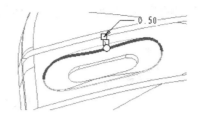

图 10-55　扫描结果　　　　　　　　图 10-56　选择倒圆角的边线

（20）创建倒圆角特征。圆角半径为 0.2，圆角边线如图 10-58 所示。

图 10-57　倒圆角结果　　　　　　　　图 10-58　倒圆角 R0.2

（21）创建倒圆角特征。圆角半径为 0.05，圆角边线如图 10-59 所示。

（22）创建拉伸切除特征。以 DTM2 面作为草绘面，切换草绘方向，然后设置 RIGHT 面向左为参照，进入草绘，绘制如图 10-60 所示的截面，拉伸深度为穿透，拉伸结果如图 10-61 所示。

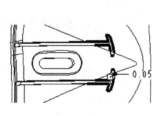

图 10-59　圆角边线　　　　　　　　图 10-60　拉伸截面

（23）创建拉伸切除特征。以 RIGHT 面作为草绘面，以 FRONT 面向左为参照，进入草绘，绘制如图 10-62 所示的截面，拉伸深度为穿透，拉伸结果如图 10-63 所示。

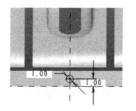

图 10-61　拉伸结果　　　　　　　　图 10-62　拉伸截面

（24）创建倒圆角特征。对上述孔的边线倒圆角，圆角半径为 0.2，如图 10-64 所示。

（25）创建拉伸实体特征。以 TOP 面为草绘平面，RIGHT 面向右为参照，进入草绘，绘制如图 10-65 所示的截面，深度为拉伸到实体的内表面，结果如图 10-66 所示。

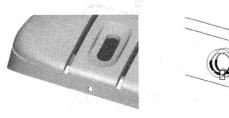
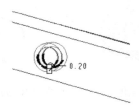
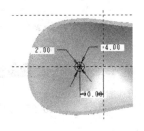

图 10-63　拉伸结果　　　　　图 10-64　倒圆角 R0.2　　　　图 10-65　拉伸截面

（26）创建倒圆角特征。对如图 10-67 所示的边线倒圆角，圆角半径为 0.3，结果如图 10-68 所示。

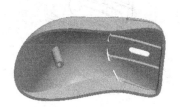
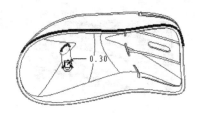

图 10-66　拉伸结果　　　　　　　图 10-67　选择倒圆角的边线

（27）完成产品造型，结果如图 10-69 所示，其模型树如图 10-70 所示，保存文件。

图 10-68　倒圆角结果　　　　　图 10-69　鼠标上盖的三维模型

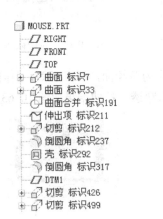

图 10-70　鼠标上盖的零件的模型树

10.3 风扇叶的造型

创建如图 10-71 所示风扇叶的三维实体模型。

（1）新建文件，文件名为 FAN.PRT。

（2）创建拉伸特征。以 TOP 面为草绘平面，RIGHT 面
向右为参照，进入草绘，草绘截面如图 10-72 所示，拉伸深
度为 40，拉伸结果如图 10-73 所示。

图 10-71　风扇叶的三维模型

（3）创建倒圆角特征。对如图 10-74 所示的边线进行倒圆角。

（4）创建壳特征。壳的厚度为 5，抽壳结果如图 10-75 所示。

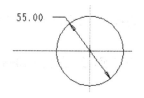

图 10-72　拉伸截面　　　　图 10-73　拉伸结果　　　　图 10-74　倒圆角 R5　　　图 10-75　抽壳结果

（5）创建拉伸特征。创建如图 10-76 所示的拉伸特征，圆柱的直径为 19。

（6）创建拉伸切除特征。结果如图 10-77 所示，孔的直径为 10，深度为穿透。

（7）创建轮廓肋特征。以 FRONT 面为草绘平面，TOP 面向下为参照，绘制如图 10-78
所示的肋截面，肋的厚度为 5，结果如图 10-79 所示。

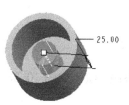

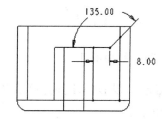

图 10-76　拉伸特征　　　图 10-77　拉伸切除特征　　　图 10-78　肋截面　　　图 10-79　轮廓肋特征

（8）阵列肋特征。结果如图 10-80 所示。

（9）创建拉伸切除特征。结果如图 10-81 所示，拉伸截面如图 10-82 所示，拉伸深度为 2。

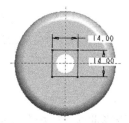

图 10-80　阵列结果　　　　图 10-81　拉伸结果　　　　图 10-82　拉伸截面

（10）创建拉伸曲面特征。以 TOP 面为草绘平面，以 RIGHT 面向右为参照，进入草绘，
拉伸截面为直径 125 的圆，拉伸深度为 50，拉伸结果如图 10-83 所示。

（11）创建拉伸曲面特征。以 TOP 面为草绘平面，以 RIGHT 面向右为参照，进入草绘，拉伸截面为直径 200 的圆，拉伸深度为 60，拉伸结果如图 10-84 所示。

（12）创建基准平面。将 FRONT 面偏移 100 创建基准平面 DTM1，结果如图 10-85 所示。

图 10-83　拉伸曲面

图 10-84　拉伸曲面

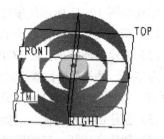
图 10-85　创建基准平面 DTM1

（13）创建草绘曲线 1。以 DTM1 面为草绘平面，RIGHT 面向右为参照，绘制如图 10-86 所示的曲线，然后结束草绘。

（14）创建草绘曲线 2。以 DTM1 面为草绘平面，RIGHT 面向右为参照，绘制如图 10-87 所示的曲线，然后结束草绘。

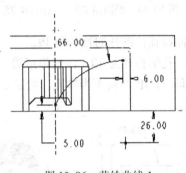
图 10-86　草绘曲线 1

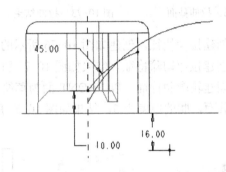
图 10-87　草绘曲线 2

（15）创建草绘曲线 3。以 DTM1 面为草绘平面，RIGHT 面向右为参照，绘制如图 10-88 所示的曲线，然后结束草绘。

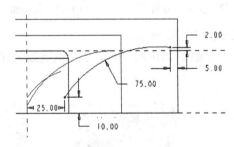
图 10-88　草绘曲线 3

（16）投影曲线。选择草绘曲线 2，然后在菜单栏选择"编辑"→"投影"，打开"投影"操控板，如图 10-89 所示，在图形区选择如图 10-90 所示的外圆柱面作为投影曲面，接受默认的以 DTM1 面作为投影方向的参照，操控板上的"参照"选项卡如图 10-91 所示，完成曲线的投影，结果如图 10-92 所示。

图 10-89　"投影"操控板

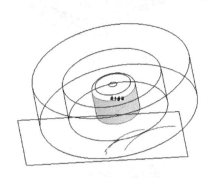

图 10-90　选择投影曲面　　　　　图 10-91　"参照"选项卡

（17）投影曲线。按照上述方法，将草绘曲线 3 投影到直径为 200 的拉伸曲面上，将草绘曲线 1 投影到直径为 125 的拉伸曲面上，结果如图 10-93 所示。

图 10-92　投影结果　　　　　　　图 10-93　投影结果

（18）创建插入基准曲线 1。单击"插入基准曲线"工具 ，打开"曲线选项"菜单，选择"通过点"→"完成"，弹出"连接类型"和"选取"菜单，接受默认的设置，按顺序选择三条投影线同一方向的三个端点，完成曲线的创建，结果如图 10-94 所示。

（19）创建插入基准曲线 2。按照上述同样的方法，按顺序选择另一方向的三个端点创建插入曲线 2，结果如图 10-95 所示。

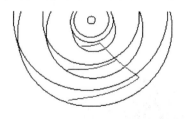

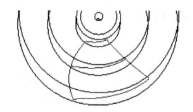

图 10-94　插入基准曲线 1　　　　图 10-95　插入基准曲线 2

（20）创建边界混合曲面。以三条投影线作为第一方向的控制曲线，如图 10-96 所示，以两条插入曲线为第二方向的控制曲线，如图 10-97 所示。完成边界混合曲面的创建，结果如图 10-98 所示。隐藏两个拉伸曲面和曲线层，结果如图 10-99 所示。

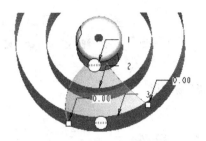

图 10-96　选择第一方向曲线

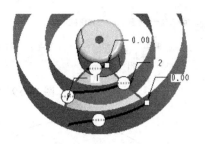

图 10-97　选择第二方向曲线

图 10-98　边界混合结果

图 10-99　隐藏后的结果

（21）进行曲面加厚。对上述边界混合曲面进行加厚，厚度为 2，结果如图 10-100 所示。

（22）创建组。按住 Ctrl 键，在模型树上选择边界混合曲面特征和加厚特征，然后单击右键，从右键菜单中选择组，将这两个特征组成一个组。

（23）阵列组。将上述组进行环形阵列，结果如图 10-101 所示。

图 10-100　曲面加厚

图 10-101　陈列结果

（24）创建拉伸曲面。以 TOP 面为草绘平面，RIGHT 面向右为参照，进入草绘，通过"偏移边"工具和"使用边"工具绘制如图 10-102 所示的拉伸截面，拉伸深度为 60，拉伸结果如图 10-103 所示。

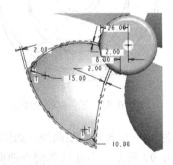

图 10-102　拉伸截面

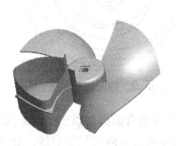

图 10-103　拉伸结果

（25）旋转复制曲面特征。

① 在主菜单选择"编辑"→"特征操作"，打开如图 10-104 所示的"特征"菜单。

② 选择"复制"，打开"复制特征"菜单，选择"移动"→"独立"，如图 10-105 所示，选择"完成"，打开如图 10-106 所示菜单。

图 10-104 "特征"菜单　　　　图 10-105 "复制"菜单　　　　图 10-106 "选取"菜单

③ 接受默认设置，选择上一步创建的拉伸曲面，选择"完成"，出现如图 10-107 所示菜单，选择"旋转"，出现如图 10-108 所示菜单，选择"曲线/边/轴"，在图形区选择 A_1 轴，出现如图 10-109 所示的菜单，并在 A_1 轴上出现方向箭头。

图 10-107 "移动特征"菜单　　　图 10-108 "选取方向"菜单　　　图 10-109 "方向"菜单

④ 选择"确定"，弹出如图 10-110 所示的"输入旋转角度"文本框，在文本框中输入 90 并回车，系统返回到如图 10-107 所示菜单。

⑤ 在菜单中选择"完成移动"，弹出如图 10-111 所示的"组元素"对话框和图 10-112 所示的菜单，选择"完成"，在"组元素"对话框中单击"确定"按钮，系统弹出如图 10-112 所示的"组可变尺寸"和"选取"菜单，选择"完成"系统返回如图 10-105 所示的"复制"菜单，选择"完成"，完成特征的旋转复制，结果如图 10-113 所示。

图 10-110 "输入旋转角度"文本框

图 10-111 "组元素"对话框

图 10-112 "组可变尺寸"和"选取"菜单

⑥ 按照上述方法重复复制多次，最后结果如图 10-114 所示。

图 10-113 复制结果

图 10-114 重复复制的结果

（26）进行曲面实体化切除。选择上述步骤（24）中创建的拉伸曲面，在主菜单选择"编辑"→"实体化"，打开"实体化"操控板，单击 ⃞，完成切除，结果如图 10-115 所示。按上述同样的方法，对其他几个复制拉伸曲面进行实体化切除操作，最后结果如图 10-116 所示。

图 10-115 切除结果

图 10-116 重复切除的结果

（27）创建倒圆角特征。分别进行如图 10-117 和图 10-118 所示的倒圆角。按同样方法对其他三片扇叶进行倒圆角，最后结果如图 10-119 所示。

图 10-117　倒圆角 R0.5

图 10-118　倒圆角 R1

图 10-119　倒圆角结果

（28）完成产品造型设计，其模型树如图 10-120 所示，保存文件。

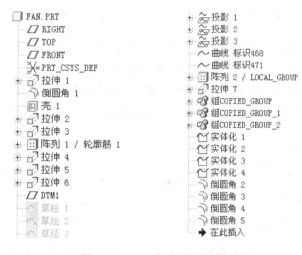

图 10-120　风扇叶零件的模型树

10.4　茶壶的造型

创建如图 10-121 所示茶壶的三维实体模型。

（1）新建文件，文件名为 TEAPOT.PRT。

（2）草绘基准曲线。以 TOP 面为草绘平面，RIGHT 面向
右为参照，进入草绘，绘制如图 10-122 所示的曲线，然后结束
草绘。

图 10-121　茶壶的三维模型

（3）创建基准平面。将 TOP 面向下偏移 10，创建 DTM1 基准面，结果如图 10-123 所示。

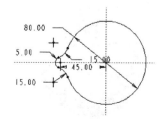
图 10-122　草绘曲线

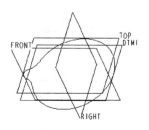
图 10-123　创建基准平面 DTM1

（4）草绘基准曲线。以 DTM1 面为草绘平面，RIGHT 面向右为参照，绘制如图 10-124 所示的曲线，然后结束草绘。

（5）创建基准点。以 FRONT 面与草绘曲线相交分别创建如图 10-125 所示的四个基准点 PNT0、PNT1、PNT2 和 PNT3。

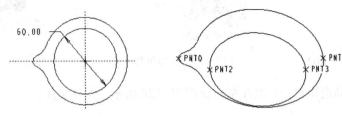

图 10-124 草绘曲线　　　　　　图 10-125 创建基准点

（6）创建插入基准曲线。以通过基准点 PNT0 和 PNT2 创建一条插入曲线，再以通过基准点 PNT1 和 PNT3 创建另一条插入曲线，结果如图 10-126 所示。

（7）创建边界混合曲面。以两条草绘曲线为第一方向控制曲线（如图 10-127 所示），以两条插入曲线为第二方向曲线（如图 10-128 所示），创建边界混合曲面，结果如图 10-129 所示。

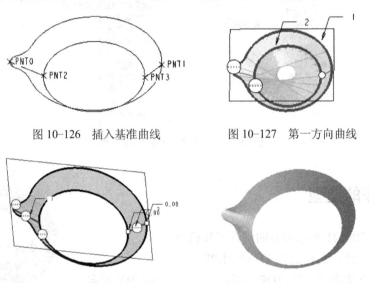

图 10-126 插入基准曲线　　　　图 10-127 第一方向曲线

图 10-128 第二方向曲线　　　　图 10-129 边界混合曲面

（8）创建旋转曲面。以 FRONT 面为草绘平面，RIGHT 面向右为参照，进入草绘，绘制如图 10-130 所示的旋转截面，旋转结果如图 10-131 所示。

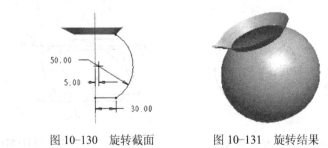

图 10-130 旋转截面　　　　　　图 10-131 旋转结果

（9）合并曲面。将上述边界混合曲面和旋转曲面进行合并。

（10）偏移合并曲面。

① 选择合并曲面，然后在主菜单选择"编辑"→"偏移"，打开"偏移"操控板，将偏移类型设置为拔模偏移，如图 10-132 所示。

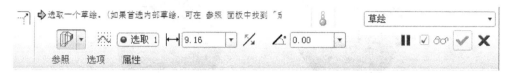

图 10-132 "偏移"操控板

② 在操控板上单击"参照"，打开"参照"面板，如图 10-133 所示，单击"定义"按钮，打开"草绘"对话框，选择 TOP 面作为草绘平面，系统自动选择 RIGHT 面向右为参照，如图 10-134 所示，在对话框中单击"反向"按钮，使 TOP 面上的箭头朝上，如图 10-135 所示，单击"草绘"按钮，进入草绘环境。

图 10-133 "参照"面板

图 10-134 "草绘"对话框

③ 绘制如图 10-136 所示的截面作为曲面偏移的区域，完成后结束草绘。

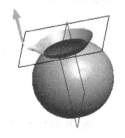

图 10-135 草绘方向

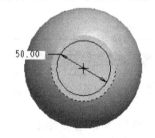

图 10-136 草绘偏移区域

④ 在"偏移"操控板上输入偏移距离 5，拔模角度为 10，如图 10-137 所示。

图 10-137 "偏移"操控板

⑤ 完成曲面的拔模偏移，结果如图 10-138 所示。

（11）创建圆角特征。分别创建如图 10-139 和图 10-140 所示的圆角特征。

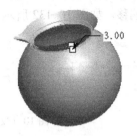

图 10-138 曲面偏移结果　　　　图 10-139 倒圆角 R3

（12）曲面加厚。将整个曲面进行加厚，厚度为 2，结果如图 10-141 所示。

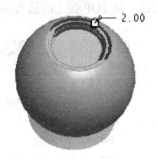

图 10-140 倒圆角 R2　　　　图 10-141 加厚结果

（13）创建拉伸切除特征。以 FRONT 面作为草绘平面，RIGHT 面向右为参照，绘制如图 10-142 所示的截面。在"拉伸"操控板上打开"选项"面板，将两侧的深度都设置为穿透，如图 10-143 所示，拉伸结果如图 10-144 所示。

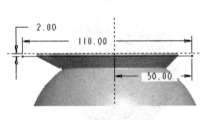

图 10-142 拉伸截面　　　　图 10-143 "选项"面板

（14）创建倒圆角特征。打开"倒圆角工具"操控板，选择如图 10-145 所示的两条边线，在操控板上单击"集"，打开"集"面板，单击"完全倒圆角"按钮，如图 10-146 所示，完成倒圆角，结果如图 10-147 所示。

（15）创建扫描伸出项特征。以 FRONT 面作为草绘平面，RIGHT 面向右为参照，进入草绘，绘制如图 10-148 所示的扫描轨迹。结束草绘，在"属性"菜单中选择"合并端"，进入扫描截面的草绘环境，绘制如图 10-149 所示的扫描截面。完成扫描特征的创建，结果如图 10-150 所示。

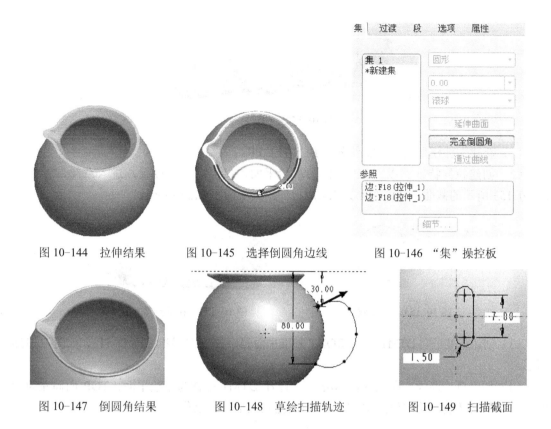

集 | 过渡 | 段 | 选项 | 属性

集 1
*新建集

圆形

0.00

滚球

延伸曲面

完全倒圆角

通过曲线

参照

边:F18 (拉伸_1)
边:F18 (拉伸_1)

细节…

图 10-144　拉伸结果　　　图 10-145　选择倒圆角边线　　　图 10-146　"集"操控板

30.00

80.00

7.00

1.50

图 10-147　倒圆角结果　　　图 10-148　草绘扫描轨迹　　　图 10-149　扫描截面

（16）完成产品造型，其模型树如图 10-151 所示，保存文件。

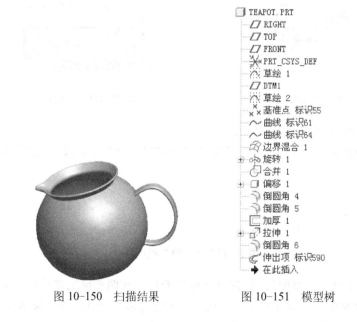

TEAPOT.PRT
　RIGHT
　TOP
　FRONT
　PRT_CSYS_DEF
　草绘 1
　DTM1
　草绘 2
　基准点 标识55
　曲线 标识61
　曲线 标识64
　边界混合 1
　旋转 1
　合并 1
　偏移 1
　倒圆角 4
　倒圆角 5
　加厚 1
　拉伸 1
　倒圆角 6
　伸出项 标识590
　在此插入

图 10-150　扫描结果　　　图 10-151　模型树

10.5　护发素瓶的造型

创建如图 10-152 所示的护发素瓶的三维实体模型。

图 10-152　护发素瓶

（1）新建零件模型文件，文件名为 BOTTLE.PRT。

（2）创建拉伸特征。以 TOP 面作为草绘平面，接受默认的设置，进入草绘，绘制如图 10-153 所示的截面，拉伸深度为 120，拉伸结果如图 10-154 所示。

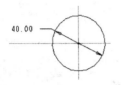

图 10-153　拉伸截面

图 10-154　拉伸结果

（3）创建基准平面 DTM1。将 FRONT 基准平面偏移 25 创建基准平面 DMT1，如图 10-155 所示。

（4）创建草绘曲线。在工具栏单击 ![icon]，选择 DTM1 面作为草绘平面，TOP 面向左为参照，进入草绘环境，绘制如图 10-156 所示的正六边形，结束草绘。

图 10-155　创建基准平面

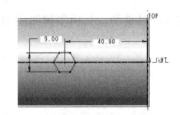

图 10-156　草绘图形

（5）将曲线包络（贴印）到实体表面。

① 在菜单栏选择"编辑"→"包络"，打开如图 10-157 所示的"包络"操控板。

图 10-157　"包络"操控板

② 在操控板上单击"参照"，打开"参照"面板。在图形区选择步骤（4）创建的正六边形曲线作为包络对象，目的参照采用默认的"实体几何"，如图 10-158 所示。

③ 在操控板上单击☑，完成曲线的包络，结果如图 10-159 所示。

（6）进行曲面偏移。

① 单击过滤器工具，打开如图 10-160 所示的菜单，选择"几何"。

② 选择如图 10-161 所示的外圆柱面，在菜单栏选择"编辑"→"偏移"，打开"偏移"

操控板，将偏移类型设置为 ，如图 10-162 所示。

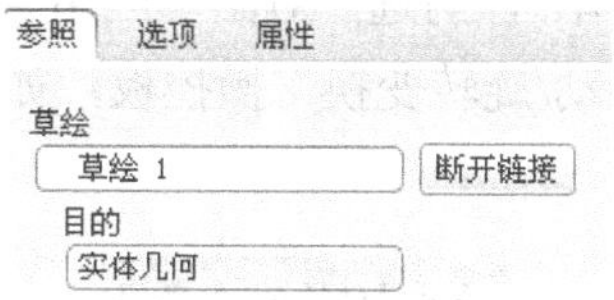

图 10-158 “参照”下滑面板

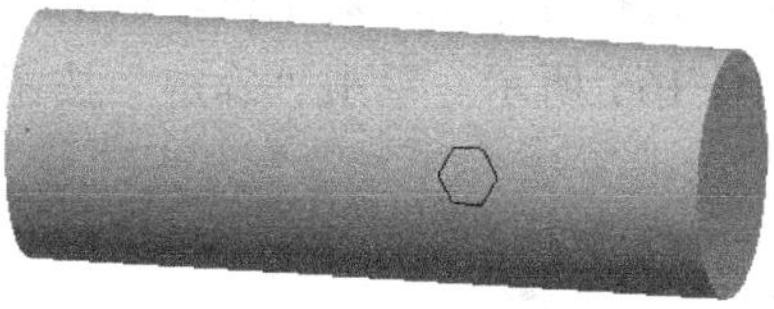

图 10-159 包络结果

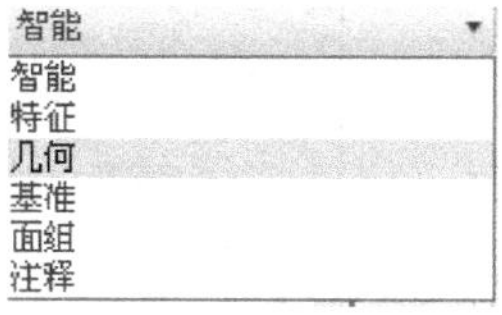

图 10-160 “过滤器”菜单

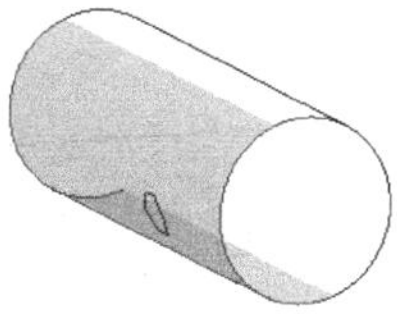

图 10-161 选择外圆柱面

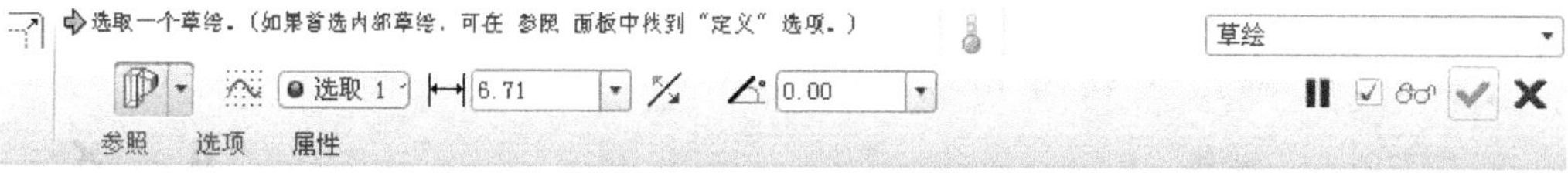

图 10-162 “偏移”操控板

③ 在操控板上打开“参照”面板，然后单击“定义”按钮，打开“草绘”对话框。选择 DMT1 面作为草绘平面，TOP 面向左为参照，进入草绘环境。

④ 在草绘工具栏单击 ，打开“类型”和“选取”菜单，选择“环”，如图 10-163 所示。在图形区选择正六边形的一条边线，在“类型”菜单选择“关闭”，结果如图 10-164 所示，结束草绘。

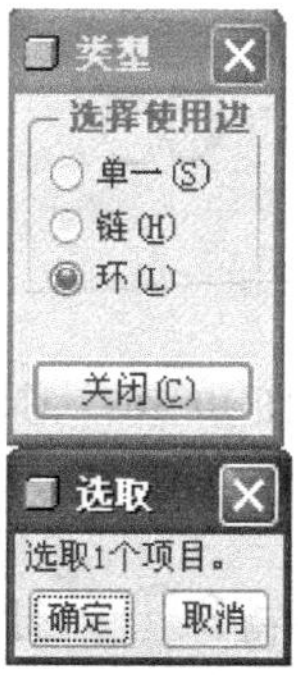

图 10-163 “类型”和“选取”菜单

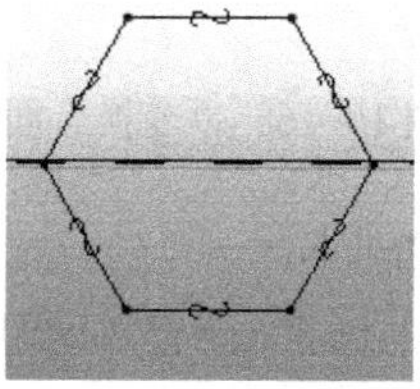

图 10-164 草绘图形

⑤ 在操控板上输入偏移距离 2，拔模角度 5，并单击 ，使偏移方向指向实体里面。

⑥ 在操控板上单击 ，完成曲面的偏移，结果如图 10-165 所示。

（7）复制偏移特征。

① 在模型树上选择 包络 1 ，然后单击右键，在右键菜单中选择“隐藏”，隐藏包络特征的显示。

② 在模型树上选择偏移特征 □ 偏移 1 ，在工具栏先后单击 🗐 （复制）和 🗐 （选择性粘贴），打开"选择性粘贴"对话框，取消勾选"从属副本"，勾选"对副本应用移动/旋转变换"，如图 10-166 所示。单击"确定"按钮，打开"移动/旋转变换"操控板，如图 10-167 所示。

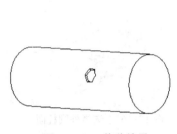

图 10-165　偏移结果　　　　　　　　图 10-166　"选择性粘贴"对话框

图 10-167　"移动/旋转变换"操控板

③ 在操控板上打开"变换"面板，然后在图形区选择 TOP 面作为方向参照，输入偏移距离-9，如图 10-168 所示。

④ 在操控板上单击 ✅ ，完成移动变换，结果如图 10-169 所示。

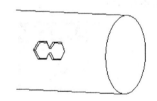

图 10-168　"变换"面板　　　　　　　　图 10-169　移动变换的结果

（8）复制移动副本。

① 在模型树上选择 📌 已移动副本 1 ，在工具栏先后单击 🗐 和 🗐 ，打开"选择性粘贴"对话框，取消勾选"从属副本"，勾选"对副本应用移动/旋转变换"。在对话框单击"确定"按钮，打开"移动/旋转变换"操控板。在操控板上选择变换类型为 🔄 （旋转），如图 10-170 所示。

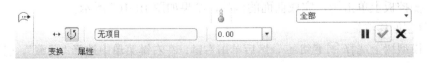

图 10-170　"旋转变换"操控板

② 在操控板上打开"变换"面板，在图形区选择 A_1 轴作为参照，输入旋转角度为 15，如图 10-171 所示。

③ 在操控板上单击✓，完成旋转变换，结果如图 10-172 所示。

图 10-171 "变换"面板

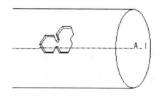

图 10-172 旋转变换的结果

（9）删除特征。在模型树上选择 已移动副本 1 ，然后单击右键，从右键菜单中选择"删除"，弹出如图 10-173 所示的"删除"对话框，单击"确定"按钮，删除移动副本 1，结果如图 10-174 所示。

图 10-173 "删除"对话框

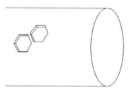

图 10-174 删除的结果

（10）创建倒圆角特征。

① 单击 ，选择如图 10-175 所示的各条棱边，输入圆角半径为 0.5，完成倒圆角特征的创建。

② 按上述同样方法对移动副本 2 的各条棱边倒圆角 R0.5，结果如图 10-176 所示。

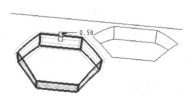

图 10-175 选择棱边

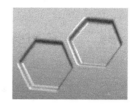

图 10-176 倒圆角结果

（11）阵列特征。

① 阵列偏移特征。在模型树上选择偏移特征 偏移 1 ，然后在工具栏单击 （阵列），打开"阵列"操控板。将阵列类型设置为"轴"，然后在图形区选择圆柱中心轴 A_1 作为参照，在操控板上输入阵列成员数为 12，角度为 30，如图 10-177 所示。完成阵列，结果如图 10-178 所示。

图 10-177 "阵列"操控板

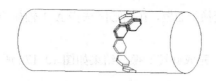

图 10-178　阵列的结果

② 阵列特征。在模型树上选择阵列特征 <u>阵列 1 / 偏移 1</u>，然后在工具栏单击⊞，打开"阵列"操控板。将阵列类型设置为"方向"，然后在图形区选择 TOP 面作为参照，在操控板输入阵列成员数为 2，距离为 18，单击✕，切换方向，如图 10-179 所示。完成阵列，结果如图 10-180 所示。

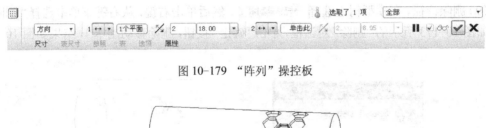

图 10-179　"阵列"操控板

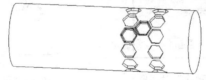

图 10-180　阵列的结果

③ 阵列倒圆角特征。在模型树上选择倒圆角特征 <u>倒圆角 1</u>，然后在工具栏单击⊞，打开"阵列"操控板。阵列类型为默认的"参照"，将参照类型设置为"两者"，如图 10-181 所示。完成阵列，结果如图 10-182 所示。

图 10-181　"阵列"操控板

④ 阵列副本特征。在模型树上选择 <u>已移动副本 2</u>，然后在工具栏单击⊞，打开"阵列"操控板。将阵列类型设置为"轴"，然后在图形区选择圆柱中心轴 A_1 作为参照，在操控板上输入阵列成员数为 12，角度为 30，完成阵列，结果如图 10-183 所示。

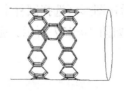

图 10-182　参照阵列的结果

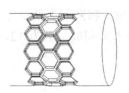

图 10-183　轴阵列的结果

⑤ 阵列倒圆角特征。在模型树上选择 <u>倒圆角 2</u>，然后在工具栏单击⊞，打开"阵列"

操控板，如图 10-184 所示。接受默认的设置，单击☑，完成阵列，结果如图 10-185 所示。

图 10-184 "阵列"操控板

（12）对圆柱底面进行拔模偏移。

① 选择如图 10-186 所示的圆柱底面，然后在菜单栏选择"编辑"→"偏移"，打开"偏移"操控板，将偏移类型设置为▨（拔模偏移）。

图 10-185 阵列的结果

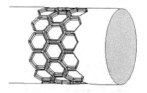

图 10-186 选择圆柱的底面

② 在操控板上打开"参照"面板，然后单击"定义"按钮，打开"草绘"对话框。继续选择如图 10-186 所示的底面作为草绘平面，进入草绘环境。

③ 绘制如图 10-187 所示的草绘图形，结束草绘。

④ 在操控上输入偏移距离为 3，拔模角度为 45，并单击▨，切换偏移的方向。

⑤ 在操控板上单击☑，完成曲面偏移，结果如图 10-188 所示。

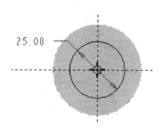

图 10-187 草绘图形

图 10-188 偏移结果

（13）创建倒圆角特征。分别选择如图 10-189 和图 10-190 所示的边线进行倒圆角。

图 10-189 倒圆角 R1

图 10-190 倒圆角 R3

（14）创建旋转实体特征。以 FRONT 面为草绘面，RIGHT 面向右为参照，绘制如图 10-191 所示的旋转截面，旋转结果如图 10-192 所示。

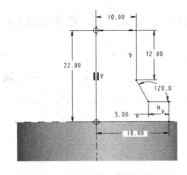

图 10-191　旋转截面　　　　　　　　　　图 10-192　旋转结果

（15）创建倒圆角特征。分别选择如图 10-193 和图 10-194 所示的边线进行倒圆角。

图 10-193　倒圆角 R1　　　　　　　　　　图 10-194　倒圆角 R3

（16）创建旋转切除特征。以 FRONT 面为草绘平面，RIGHT 面向右为参照，绘制如图 10-195 所示的旋转截面，旋转结果如图 10-196 所示。

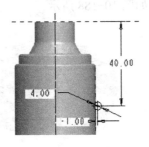

图 10-195　旋转截面　　　　　　　　　　图 10-196　旋转结果

（17）创建旋转实体特征。以 FRONT 面为草绘平面，RIGHT 面向右为参照，绘制如图 10-197 所示的旋转截面，旋转结果如图 10-198 所示。

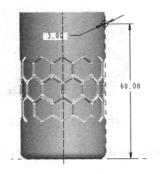

图 10-197　旋转截面　　　　　　　　　　图 10-198　旋转结果

（18）创建倒圆角特征。分别选择如图 10-199 和图 10-200 所示的边线进行倒圆角。

图 10-199　倒圆角 R1

图 10-200　倒圆角 R0.5

（19）创建壳特征。壳的厚度为 0.5，抽壳结果如图 10-201 所示。

图 10-201　抽壳结果

（20）创建螺旋扫描特征。以 FRONT 面为草绘平面，RIGHT 面向右为参照，进入草绘，绘制如图 10-202 所示的螺旋扫描轨迹的转向轮廓线。结束草绘，输入节距（螺距）为 2。然后绘制如图 10-203 所示的螺旋扫描截面，其截面放大图如图 10-204 所示。完成螺旋扫描特征的创建，结果如图 10-205 所示。

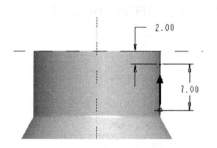

图 10-202　轨迹轮廓线

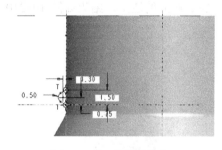

图 10-203　螺旋扫描截面

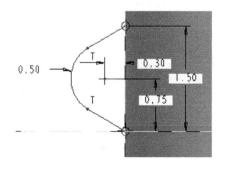

图 10-204　截面放大图

图 10-205　螺旋扫描结果

（21）创建拉伸切除特征。选择如图 10-206 所示的瓶口端面作为草绘平面，进入草绘，绘制如图 10-207 所示的截面,截面放大图如图 10-208 所示,拉伸深度为 10,拉伸结果如图 10-209 所示。

图 10-206　选择瓶口端面

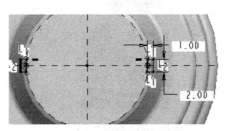

图 10-207　拉伸截面

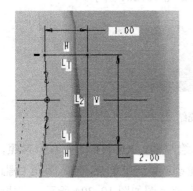

图 10-208　截面放大图

图 10-209　拉伸结果

（22）完成产品的造型,结果如图 10-210 所示,其模型树如图 10-211 所示,保存文件。

图 10-210　护发素瓶的三维模型

图 10-211　模型树

反侵权盗版声明

  电子工业出版社依法对本作品享有专有出版权。任何未经权利人书面许可，复制、销售或通过信息网络传播本作品的行为；歪曲、篡改、剽窃本作品的行为，均违反《中华人民共和国著作权法》，其行为人应承担相应的民事责任和行政责任，构成犯罪的将被依法追究刑事责任。

  为了维护市场秩序，保护权利人的合法权益，我社将依法查处和打击侵权盗版的单位和个人。欢迎社会各界人士积极举报侵权盗版行为，本社将奖励举报有功人员，并保证举报人的信息不被泄露。

举报电话：（010）88254396；（010）88258888

传 真：（010）88254397

E-mail：dbqq@phei.com.cn

通信地址：北京市海淀区万寿路 173 信箱

     电子工业出版社总编办公室

邮 编：100036